HTML5+CSS3
网页制作基础培训教程

张辉 祁东升 编著

人民邮电出版社

北　京

图书在版编目（CIP）数据

HTML5+CSS3网页制作基础培训教程 / 张辉，祁东升
编著. —— 北京：人民邮电出版社，2021.1（2023.1重印）
ISBN 978-7-115-55082-8

Ⅰ. ①H… Ⅱ. ①张… ②祁… Ⅲ. ①超文本标记语言
—程序设计—教材②网页制作工具—教材 Ⅳ.
①TP312.8②TP393.092.2

中国版本图书馆CIP数据核字(2020)第203744号

内 容 提 要

本书共 13 章，主要内容包括 HTML5 入门基础、HTML5 结构元素、HTML5 页面基本元素、HTML5 网页文本与段落信息组织、使用 CSS 设计表单和表格样式、HTML5 音频与视频、HTML5 画布 canvas 与 SVG、CSS 语言基础、设置 CSS 基本样式、移动网页设计基础 CSS3、CSS 盒子模型、用 CSS 定位控制 网页布局和企业网站设计。本书还配有丰富的资源，包括书中案例源文件、典型实例教学视频、PPT 教 学课件、教学大纲和教学规划参考等。

本书适合网页设计与制作人员、HTML 和 CSS 开发初学者、前端开发爱好者、网页设计爱好者、培 训机构学员、网站重构工程师、从事后端开发但对前端开发感兴趣的人员、网站编辑或网站运营人员学 习或参考。

◆ 编　著　张　辉　祁东升
　　责任编辑　张丹阳
　　责任印制　马振武

◆ 人民邮电出版社出版发行　　北京市丰台区成寿寺路 11 号
　　邮编　100164　　电子邮件　315@ptpress.com.cn
　　网址　https://www.ptpress.com.cn
　　北京七彩京通数码快印有限公司印刷

◆ 开本：787×1092　1/16
　　印张：18　　　　　　　　2021 年 1 月第 1 版
　　字数：381 千字　　　　　2023 年 1 月北京第 6 次印刷

定价：59.80 元

读者服务热线：(010)81055410　印装质量热线：(010)81055316
反盗版热线：(010)81055315
广告经营许可证：京东市监广登字 20170147 号

互联网已经深入人们日常生活的各个角落，人们已经离不开互联网。为了让人们有更好的互联网体验，Web前端开发、移动终端开发相关技术发展迅猛。熟练掌握Dreamweaver的基本功能后，开发人员在制作网页时可能还会遇到一些问题，例如，不能在图片上添加文字，不能设置段落之间的行距。有时即使懂得一些HTML标签，也仍然不能随意改变网页元素的外观，无法灵活地设计网页。因此W3C协会颁布了一套CSS语法，用来扩展HTML语法的功能。可以说，HTML5的标签主要是定义网页的内容，CSS3决定了这些网页的内容如何显示。因此，HTML5+CSS3已经成为网页设计制作人员的必修课。

本书主要内容

本书紧密围绕网页设计师在制作网页过程中的实际需要和应该掌握的技术，全面介绍了使用HTML5、CSS3进行网页设计和制作的各方面内容和技巧。本书详细讲解语法，且每个语法都有相应的案例，每章后面都配有课堂练习和课后习题，使读者通过一个个典型的案例达到学以致用的目的。

本书主要特色

◎ 完善的知识结构

本书从网页制作的实际出发，将所有HTML5、CSS3元素进行归类，每个标签的语法、属性和参数都有完整详细的说明，内容丰富，知识结构完善。

◎ 案例丰富

本书全面讲解了使用HTML5和CSS3制作网页的方法和技巧。全部语法通过真实案例进行分析讲解，每个案例都有详细的操作步骤和效果图。读者可边分析代码边查看结果，以一种可视化的方式来学习语言，避免了单纯学习语法的枯燥与乏味。

◎ HTML5和CSS3技术

对于任何一个想从事或者正在从事Web前端开发的人员而言，HTML5和CSS3已经是必须掌握的前沿技术，本书力求使读者了解最新的网页设计制作技术。

◎ 深入解剖CSS+div布局

本书用较多的篇幅重点介绍了使用CSS+div进行网页布局的方法和技巧，配合经典的布局案例，帮助读者掌握CSS最核心的应用技术。

◎ 配图丰富，效果直观

书中的每个案例，本书都配有相应的效果图，读者无须自己进行编码，也可以看到运行结果或显示效果。在不便上机操作的情况下，读者也可以根据书中的案例代码和效果图进行分析和比较。

● 习题强化

每章后都附有针对本章知识点的课后习题，以巩固本章所学的知识。

结构展示

课堂案例：包含大量的案例详解，使大家深入掌握软件的基础知识以及各种功能的作用。

提示：针对软件的实用技巧及制作过程中的难点进行重点提示。

课后习题：安排重要的制作习题，让大家在学完相应内容以后继续强化所学技术。

本书读者对象

- 网页设计与制作人员
- XHTML和CSS开发初学者和前端开发爱好者
- 喜欢网页设计的大中专院校的学生
- 前端开发工程师
- 网站重构工程师
- 从事后端开发但对前端开发感兴趣的人员
- 网站编辑或网站运营人员

本书是集体智慧的结晶，参加本书编写的人员均为从事网页制作教学工作的资深教师和有大型商业网站建设经验的资深网页设计师，由于时间有限，书中疏漏之处在所难免，恳请广大读者朋友批评指正。

RESOURCES AND SUPPORT 资源与支持

本书由数艺设出品，"数艺设"社区平台（www.shuyishe.com）为您提供后续服务。

配套资源

源文件：书中课堂案例、课堂练习和课后习题的源文件。

视频教程：典型案例的在线教学视频。

教师资源：PPT教学课件、教学参考规划、教学大纲。

资源获取请扫码

"数艺设"社区平台，为艺术设计从业者提供专业的教育产品。

与我们联系

我们的联系邮箱是 szys@ptpress.com.cn。如果您对本书有任何疑问或建议，请您发邮件给我们，并请在邮件标题中注明本书书名及ISBN，以便我们更高效地做出反馈。

如果您有兴趣出版图书、录制教学课程，或者参与技术审校等工作，可以发邮件给我们；有意出版图书的作者也可以到"数艺设"社区平台在线投稿（直接访问 www.shuyishe.com 即可）。如果学校、培训机构或企业想批量购买本书或数艺社出版的其他图书，也可以发邮件联系我们。

如果您在网上发现针对数艺设出品图书的各种形式的盗版行为，包括对图书全部或部分内容的非授权传播，请您将怀疑有侵权行为的链接通过邮件发给我们。您的这一举动是对作者权益的保护，也是我们持续为您提供有价值的内容的动力之源。

关于"数艺设"

人民邮电出版社有限公司旗下品牌"数艺设"，专注于专业艺术设计类图书出版，为艺术设计从业者提供专业的图书、U书、课程等教育产品。出版领域涉及平面、三维、影视、摄影与后期等数字艺术门类，字体设计、品牌设计、色彩设计等设计理论与应用门类，UI设计、电商设计、新媒体设计、游戏设计、交互设计、原型设计等互联网设计门类，环艺设计手绘、插画设计手绘、工业设计手绘等设计手绘门类。更多服务请访问"数艺设"社区平台www.shuyishe.com。我们将提供及时、准确、专业的学习服务。

目 录 CONTENTS

第1章 HTML5入门基础 11

1.1 认识HTML5 12

1.2 HTML5与HTML4的区别 13

    1.2.1 HTML5的语法变化 13

    1.2.2 HTML5中的标签方法 13

    1.2.3 HTML5语法中的3个要点 14

    1.2.4 HTML5与HTML4在搜索引擎优化方面的对比 ...14

1.3 HTML5新增的元素和废除的元素 15

    1.3.1 新增的结构元素 15

    1.3.2 新增的块级元素 17

    1.3.3 新增的行内语义元素 19

    1.3.4 新增的嵌入多媒体元素与交互性元素 22

    1.3.5 新增的input元素的类型 23

    1.3.6 废除的元素 24

    1.3.7 课堂练习——使用记事本手工编写HTML代码 ...25

1.4 课后习题 26

第2章 HTML5结构元素 27

2.1 新增的主体结构元素 28

    2.1.1 article元素 28

    2.1.2 section元素 29

    2.1.3 nav元素 29

    2.1.4 aside元素 30

2.2 新增的非主体结构元素 31

    2.2.1 课堂案例——创建企业简介网页 31

    2.2.2 header元素 33

    2.2.3 hgroup元素 33

    2.2.4 footer元素 34

    2.2.5 address元素 35

    2.2.6 课堂练习——用HTML5中的结构元素布局主页 ...35

2.3 课后习题 38

第3章 HTML5页面基本元素 39

3.1 页面头部元素head 40

3.2 页面标题元素title 40

3.3 元信息元素meta 41

    3.3.1 定义网页语言 41

    3.3.2 定义页面关键字 41

    3.3.3 设置页面说明 42

    3.3.4 设置页面跳转 42

    3.3.5 设置页面的作者信息 43

    3.3.6 页面的编辑工具 43

3.4 页面主体元素body 44

    3.4.1 课堂案例——用页面主体元素构建一个网页 ...44

    3.4.2 主体元素的背景属性 45

    3.4.3 主体元素的背景图片属性 46

    3.4.4 主体元素的文本属性 47

    3.4.5 浏览器中的边界属性 47

3.5 脚本元素script 48

3.6 创建样式元素style 49

    课堂练习——创建基本的HTML文件 50

3.7 课后习题 51

第4章 HTML5网页文本与段落信息组织 ...52

4.1 文本的基本标签 53

    4.1.1 课堂案例——创建旅游景点介绍网页 53

    4.1.2 设置字体 54

    4.1.3 设置字号 55

    4.1.4 设置颜色 56

    4.1.5 使用<h1>～<h6>设置标题 56

4.2 文本的分段与换行 57

    4.2.1 课堂案例——创建酒店网页 57

    4.2.2 换行标签
58

    4.2.3 分段标签<p> 59

CONTENTS **目 录**

4.2.4 取消换行标签<nobr> 60

4.3 文本的样式设置 60

4.3.1 课堂案例——设置学校教育网页文本样式 61

4.3.2 斜体显示标签<i>、<em>和<cite> 62

4.3.3 加粗显示标签<strong>和<b> 63

4.3.4 下标标签<sub>和上标标签<sup> 63

4.3.5 放大字号标签<big> 64

4.3.6 缩小字号标签<small> 65

4.4 水平分隔线标签<hr> 66

4.4.1 课堂案例——在网页中插入水平线 66

4.4.2 高度属性size和宽度属性width 67

4.4.3 阴影属性noshade 67

4.4.4 颜色属性color 68

4.4.5 对齐属性align 69

4.4.6 课堂练习——设置网页文本及段落格式 70

4.5 课后习题 71

第5章 使用CSS设计表单和表格样式 ... 72

5.1 表单标签<form> 73

5.1.1 程序提交action 73

5.1.2 表单名称name 73

5.1.3 传送方法method 74

5.1.4 编码方式enctype 74

5.1.5 目标显示方式target 75

5.2 插入表单对象 75

5.2.1 课堂案例——在网页中插入表单对象 76

5.2.2 插入文字字段text 79

5.2.3 插入密码域password 80

5.2.4 插入单选按钮radio 81

5.2.5 插入复选框checkbox 81

5.2.6 插入普通按钮button 82

5.2.7 插入提交按钮submit 83

5.2.8 重置按钮reset 84

5.2.9 插入图像域image 84

5.2.10 插入隐藏域hidden 85

5.2.11 插入文件域file 86

5.3 菜单和列表 87

5.3.1 插入下拉菜单 87

5.3.2 插入列表项 88

5.3.3 课堂练习——用户注册表单页面制作实例 89

5.4 课后习题 92

第6章 HTML5音频与视频 93

6.1 HTML5多媒体技术概述 94

6.1.1 音频文件格式 94

6.1.2 视频文件格式 94

6.2 HTML5视频video 94

6.2.1 课堂案例——在网页中添加视频文件 95

6.2.2 <video>标签概述 96

6.2.3 链接不同的视频文件 97

6.3 HTML5音频audio 98

6.3.1 课堂案例——在网页中插入音频 98

6.3.2 audio元素 100

6.3.3 隐藏audio音频播放器 100

6.3.4 audio元素的事件 101

6.4 音频与视频相关属性、方法与事件 103

6.4.1 音频与视频相关属性 103

6.4.2 音频与视频相关方法 104

6.4.3 音频与视频相关事件 104

6.4.4 课堂练习——用脚本控制音乐播放 105

6.5 课后习题 107

第7章 HTML5画布canvas与SVG 108

7.1 使用画布canvas绘制基本图形 109

7.1.1 课堂案例——使用canvas元素绘制花朵 109

7.1.2 canvas元素 111

目 录 CONTENTS

7.1.3 绘制直线 112

7.1.4 绘制矩形 113

7.1.5 绘制三角形 115

7.1.6 绘制圆弧 116

7.1.7 绘制贝塞尔曲线 118

7.2 更多的颜色和样式选项 119

7.2.1 课堂案例——用绘制的线条组合几何体动画 119

7.2.2 应用不同的线型 121

7.2.3 绘制线性渐变 123

7.2.4 绘制径向渐变 124

7.2.5 设置图形的透明度 126

7.2.6 创建阴影 127

7.3 变换的使用 128

7.3.1 课堂案例——使用canvas元素绘制图像放大镜效果 128

7.3.2 平移变换 132

7.3.3 缩放变换 133

7.3.4 旋转变换 133

7.4 HTML5 SVG 134

7.4.1 课堂案例——制作动画 135

7.4.2 SVG概述 136

7.4.3 绘制图形 136

7.4.4 文本与图像 139

7.4.5 笔画与填充 140

7.4.6 课堂练习——绘制精美时钟 141

7.5 课后习题 144

第8章 CSS语言基础 145

8.1 CSS入门 146

8.1.1 认识CSS 146

8.1.2 CSS的基本语法 146

8.2 基本CSS选择器 147

8.2.1 标签选择器 147

8.2.2 类选择器 147

8.2.3 ID选择器 148

8.3 在HTML中添加CSS的方法 149

8.3.1 课堂案例——为网页添加CSS样式 150

8.3.2 内嵌样式表 151

8.3.3 行内样式表 152

8.3.4 链接外部样式表 153

8.3.5 导入外部样式表 153

8.3.6 课堂练习——设计一个样式 154

8.4 课后习题 156

第9章 设置CSS基本样式 157

9.1 字体属性 158

9.1.1 课堂案例——使用CSS美化字体样式 158

9.1.2 字体font-family 159

9.1.3 字号font-size 160

9.1.4 文字风格font-style 161

9.1.5 加粗文字font-weight 162

9.1.6 小写字母转为大写字母font-variant 163

9.1.7 文字的复合属性font 164

9.2 颜色和背景属性 165

9.2.1 课堂案例——用CSS实现背景半透明效果 165

9.2.2 颜色属性color 167

9.2.3 背景颜色background-color 168

9.2.4 背景图像background-image 169

9.2.5 背景重复background-repeat 170

9.2.6 背景附件background-attachment 171

9.2.7 背景位置background-position 172

9.2.8 背景复合属性background 174

9.3 段落属性 175

9.3.1 课堂案例——设计网页文本段落样式 175

9.3.2 单词间隔word-spacing 176

9.3.3 字符间隔letter-spacing 177

9.3.4 文字修饰text-decoration 178

CONTENTS 目 录

9.3.5 垂直对齐方式vertical-align..............179

9.3.6 文本转换text-transform...............180

9.3.7 水平对齐方式text-align...............182

9.3.8 文本缩进text-indent..................182

9.3.9 文本行高line-height.................183

9.3.10 处理空白white-space................184

9.3.11 文本反排unicode-bidi和direction...............185

9.4 列表属性...............186

9.4.1 设计背景变换的导航菜单..............186

9.4.2 列表符号list-style-type...............188

9.4.3 图像符号list-style-image..............190

9.4.4 列表缩进list-style-position............191

9.4.5 列表复合属性list-style...............192

9.4.6 课堂练习——利用CSS制作竖排导航菜单...............193

9.5 课后习题...............194

第10章 移动端网页设计基础CSS3.....195

10.1 边框...............196

10.1.1 课堂案例——制作美观的按钮效果...............196

10.1.2 圆角边框 border-radius...............197

10.1.3 边框图片border-image..............200

10.1.4 边框阴影box-shadow...............201

10.2 背景...............203

10.2.1 课堂案例——控制网页背景属性...............203

10.2.2 背景图片尺寸background-size..............204

10.2.3 背景图片定位区域background-origin...............205

10.2.4 背景裁剪区域background-clip..............206

10.3 文本...............207

10.3.1 课堂案例——制作3D眩光效果文字...............208

10.3.2 文本阴影text-shadow...............209

10.3.3 强制换行word-wrap..............210

10.3.4 文本溢出text-over ow 210

10.3.5 文字描边text-stroke...............212

10.3.6 文本填充颜色text-fill-color...............212

10.4 多列...............213

10.4.1 课堂案例——制作多列布局的Web页面...............214

10.4.2 多列column-count...............215

10.4.3 列的宽度column-width...............216

10.4.4 列的间隔column-gap...............217

10.4.5 列的规则column-rule...............218

10.5 转换变形...............220

10.5.1 课堂案例——设计3D几何体...............220

10.5.2 移动translate()...............223

10.5.3 旋转rotate()...............224

10.5.4 缩放scale()...............225

10.5.5 扭曲skew()...............227

10.5.6 矩阵matrix()...............228

10.5.7 课堂练习——美观的图片排列...............228

10.6 课后习题...............230

第11章 CSS盒子模型...............231

11.1 认识盒模型...............232

11.2 外边距...............233

11.2.1 课堂案例——设置盒子外边距...............233

11.2.2 上外边距margin-top...............233

11.2.3 右外边距margin-right...............234

11.2.4 下外边距margin-bottom...............235

11.2.5 左外边距margin-left...............236

11.3 内边距...............237

11.3.1 课堂案例——设置盒子内边距...............237

11.3.2 上内边距padding-top...............238

11.3.3 右内边距padding-right...............239

11.3.4 下内边距padding-bottom...............239

11.3.5 左内边距padding-left...............240

目 录 CONTENTS

11.4 边框 241
　11.4.1 课堂案例——制作立体边框效果 241
　11.4.2 边框样式border-style 241
　11.4.3 边框宽度border-width 243
　11.4.4 边框颜色border-color 245
　11.4.5 边框属性border 246

11.5 课堂练习——制作一个盒子模型 248

11.6 课后习题 250

第12章 用CSS定位控制网页布局 251

12.1 position定位 252
　12.1.1 课堂案例——position定位布局网页 252
　12.1.2 绝对定位absolute 253
　12.1.3 固定定位fixed 254
　12.1.4 相对定位relative 255

12.2 浮动定位 256
　12.2.1 课堂案例——浮动布局网页 256
　12.2.2 float属性 257
　12.2.3 浮动布局的新问题 259
　12.2.4 清除浮动clear 259

12.3 定位层叠 261
　12.3.1 层叠顺序 261
　12.3.2 简单嵌套元素中的层叠定位 262
　12.3.3 包含子元素的复杂层叠定位 263

12.4 课堂练习 264
　12.4.1 课堂练习1——一列固定宽度 264
　12.4.2 课堂练习2——一列自适应 265
　12.4.3 课堂练习3——两列固定宽度 266
　12.4.4 课堂练习4——两列宽度自适应 267
　12.4.5 课堂练习5——两列右列宽度自适应 268

12.5 课后习题 269

第13章 企业网站设计 270

13.1 企业网站设计概述 271
　13.1.1 企业网站分类 271
　13.1.2 企业网站主要功能栏目 272

13.2 网站内容分析 273

13.3 HTML结构设计 273

13.4 方案设计 276

13.5 定义整体样式 276

13.6 制作页面顶部 278
　13.6.1 页面顶部的结构 278
　13.6.2 定义页面外部的样式 278

13.7 制作左侧导航菜单 279
　13.7.1 制作导航菜单的结构 280
　13.7.2 定义导航菜单的样式 280

13.8 制作"快速联系我们"部分 281
　13.8.1 定义"快速联系我们"部分的结构 281
　13.8.2 定义"快速联系我们"内容的样式 282

13.9 制作"公司介绍"部分 282
　13.9.1 制作"公司介绍"部分结构 282
　13.9.2 定义"公司介绍"部分的样式 282

13.10 制作"图片展示"和"新闻动态" 283
　13.10.1 制作页面结构 283
　13.10.2 定义页面样式 284

13.11 制作"酒店订购"部分 284
　13.11.1 制作"酒店订购"部分的页面结构 284
　13.11.2 定义"酒店订购"部分的样式 285

13.12 制作底部版权部分 286

13.13 网站的上传 287

13.14 课后习题 288

第1章

HTML5入门基础

---------- 内容摘要 ----------

HTML5是一种构建Web内容的语言，相比现有的HTML4.01和XHTML 1.0，具有更强的页面表现性能，同时充分调用本地的资源，能实现的功能效果不输于App。HTML5带给了用户更好的视觉冲击，同时让网站程序员与HTML语言更好地"沟通"。

---------- 课堂学习目标 ----------

- 认识HTML5
- 掌握HTML5与HTML4的区别
- 掌握HTML5新增的元素和了解废除的元素
- 熟悉新增的属性和废除的属性
- 掌握创建简单的HTML5页面的步骤

1.1 认识HTML5

HTML最早是作为显示文档出现的，结合JavaScript，逐渐演变成了一个系统，可以开发搜索引擎、在线地图、邮件阅读器等各种Web应用。虽然设计巧妙的Web应用可以实现很多令人赞叹的功能，但开发这样的应用绝非易事。多数情况开发人员都得手动编写大量JavaScript代码，还要用到JavaScript工具包，乃至服务器端Web应用。要让所有内容在不同的浏览器中都能紧密配合、不出差错是一个挑战。各大浏览器厂商的内核标准不一样，使得Web前端开发者通常在由兼容性问题引起的Dug上浪费很多精力。

HTML5是2008年正式推出的，一经推出便引起了各大浏览器开发商的广泛关注。那HTML5为什么会如此受欢迎呢？

HTML5是一种用来组织Web内容的语言，其功能是通过创建一种标准的和直观的标记语言来把Web设计和开发变得容易。HTML5提供了各种切割和划分页面的方法，使开发者创建的切割组件不仅能用来有逻辑地组织站点，还能够赋予网站聚合的能力。这是HTML5富于表现力的语义和实用性美学的基础。HTML5为设计者和开发者提供各种方式来向外发布各式各样的内容，从简单的文本内容到丰富的、交互式的多媒体无不包括在内。图1.1所示为用HTML5技术实现的动画特效。

> **提示**
>
> 在新的HTML5语法规则中，部分JavaScript代码将被HTML5的新属性替代，部分div的布局代码也将被HTML5变为更加语义化的结构标签，这使得网站前端的代码变得更加精练、简洁和清晰，也让开发者更加明确代码所要表达的意思。

图1.1 用HTML5技术实现的动画特效

HTML5提供了高效的数据管理、绘制、视频和音频工具，促进了Web和便携式设备的跨浏览器应用的开发。HTML5灵活性更大，支持开发非常精彩的交互式网站。HTML5还引入了新的标签和增强的功能，包括精致的结构、表单的控制、API、多媒体、数据库支持和显著提升的处理速度等。图1.2所示为用HTML5制作的抽奖游戏。

近两年，随着移动互联网的不断发展，各企业开发App的热情高涨，App的开发多数离不开HTML5。在这个智能手机大爆发的时代，移动互联网已成为主流趋势，不管是开发什么，多数以移动端为主。图1.3所示为用HTML5开发的手机网页。

HTML5取消了HTML4.01中被CSS取代的部分标签，提供了新的元素和属性。部分元素能够更好地索引整理搜索引擎，能对小屏幕的设备和视障人士提供更好的帮助。HTML5还采用了最新的表单输入对象，引入了微数据。

图1.2 用HTML5制作的抽奖游戏　　图1.3 用HTML5开发的手机网页

1.2 HTML5与HTML4的区别

HTML5是最新的HTML标准，HTML5语言更加简洁，解析规则更加详细。HTML5解决浏览器不兼容的问题，在不同的浏览器中可以显示出同样的效果。下面列出一些HTML5和HTML4之间主要的不同之处。

1.2.1 HTML5的语法变化

HTML语法是在SGML的基础上建立起来的。但是SGML语法非常复杂，要开发能够解析SGML语法的程序也很不容易，所以很多浏览器不包含SGML的分析器。虽然HTML基本遵从SGML的语法，但是HTML在各浏览器中的执行并没有一个统一的标准。

在这种情况下，各浏览器之间的互兼容性和互操作性在很大程度上取决于网站或网络应用程序的开发者在开发上所做的共同努力，而浏览器本身始终是存在缺陷的。

在HTML5中，提高Web浏览器之间的兼容性是一个很大的目标，为了确保兼容性，就要有一个统一的标准。因此，在HTML5中，围绕着Web标准，在现有的HTML的基础上重新定义了一套语法，使各浏览器在运行HTML5时都能够符合这个通用标准。

因为关于HTML5语法解析的算法也都有详细的记载，所以各Web浏览器的供应商可以把HTML5分析器集中封装在自己的浏览器中。最新的Firefox（默认为4.0以后的版本）与WebKit浏览器引擎中都迅速封装了供HTML5使用的分析器。

1.2.2 HTML5中的标签方法

下面我们来看看HTML5中的标签方法。

1. 内容类型

HTML5的文件扩展名与内容类型保持不变。也就是说，扩展名仍然为.html或.htm，内容类型仍然为"text/html"。

2. doctype声明

doctype声明是HTML文件中必不可少的，它位于文件第一行，该标签告知浏览器文档所使用的HTML规范。在HTML4中，它的声明方法如下：

```
<!doctype html public "-//w3c//dtd xhtml 1.0 transitional//en">
```

doctype声明是HTML5里众多新特征之一，现在只需要写<!doctype html>就可以了。HTML5中的doctype声明方法（不区分大小写）如下：

```
<!doctype html>
```

3. 指定字符编码

在HTML4中，使用meta元素来指定文件中的字符编码，如下所示：

```
<meta http-equiv="content-type" content="text/html;charset=utf-8">
```

在HTML5中，可以直接对元素添加charset属性来指定字符编码，如下所示：

```
<meta charset="utf-8">
```

在HTML5中，这两种方法都可以使用，但是不能混合使用两种方式。

1.2.3 HTML5语法中的3个要点

HTML5中规定的语法在设计上兼顾了与现有HTML之间最大限度的兼容性。下面就来看看具体的HTML5语法。

1. 结束符标签

在HTML5中，有些元素可以省略标签，有些元素不可以省略标签，具体来讲有3种情况。

（1）必须写明结束标签

area、base、br、col、command、embed、hr、img、input、keygen、link、meta、param、source、track、wbr。

（2）可以省略结束标签

li、dt、dd、p、rt、rp、optgroup、option、colgroup、thead、tbody、tfoot、tr、td、th。

（3）可以省略整个标签

html、head、body、colgroup、tbody。

需要注意的是，虽然这些元素可以省略，但实际上是隐形存在的。

例如：<body>标签可以省略，但在DOM树上它是存在的，可以永恒访问到document.body。

2. 取得Boolean值的属性

取得布尔值（Boolean）的属性，如disabled和readonly等，通过默认属性的值来表达"值为true"。

此外，在属性值为true时，可以将属性值设为属性名称本身，也可以将值设为空字符串。

示例如下：

```
<!--以下的checked属性值皆为true-->
<input type=" checkbox " checked>
<input type=" checkbox " checked=" checked ">
<input type=" checkbox " checked=" ">
```

3. 省略属性的引用符

在HTML4中设置属性值时，可以使用双引号或单引号来引用。

在HTML5中，只要属性值不包含"空格""<"">""'""""`""="等字符，都可以省略属性的引用符。

示例如下：

```
<input type=" text ">
<input type=' text'>
<input type=text>
```

1.2.4 HTML5与HTML4在搜索引擎优化方面的对比

随着HTML5的到来，传统无处不在<div id="header">和<div id="footer">的代码方法已变成相应的标签，如<header>和<footer>。图1.4所示为传统的Div+CSS写法和HTML5的写法。

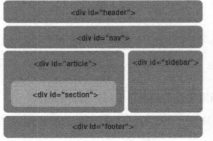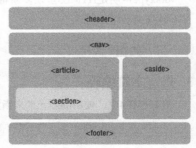

图1.4 传统的Div+CSS写法和HTML5的写法

从图1.4可以看出HTML5的代码可读性更高，也更简洁。虽然两者内容的组织相同，但HTML5代码中每个元素都有明确清晰的定义，搜索引擎也可以更容易地抓取网页上的内容。HTML5标准对于SEO有什么优势呢？

1. 使搜索引擎更加容易抓取和索引

对于一些网站，特别是那些严重依赖Flash的网站，HTML5的推出是一个好消息。如果整个网站都是Flash形式的，就一定会看到转换成HTML5的好处：搜索引擎的"蜘蛛"能够抓取站点内容，所有嵌入动画中的内容全部可以被搜索引擎读取。

2. 提供更多的功能

HTML5的另一个好处就是它可以增加更多的功能。对于HTML5的功能问题，从全球几个主流站点对它的青睐就可以看出。社交网络大亨Facebook已经推出他们期待已久的基于HTML5的iPad应用平台，每天都有基于HTML5的网站和HTML5特性的网站推出。保持站点处于新技术的前沿，也可以很好地改善用户体验。

3. 提高可用性，改善用户体验

最后，我们从可用性的角度上看，HTML5可以更好地促进用户与网站间的互动情况。多媒体网站可以获得更多的改进，特别是移动平台上的应用，使用HTML5可以提供更多高质量的视频流和音频流。

1.3 HTML5新增的元素和废除的元素

本节详细介绍HTML5中新增和废除了哪些元素。

1.3.1 新增的结构元素

由于HTML4缺少结构，即使形式良好的HTML页面也比较难以处理。必须分析标题的级别，才能看出各个部分的划分方式。边栏、页脚、页眉、导航条、主内容区和各篇文章都由通用的Div元素来表示。HTML5添加了一些新元素，专门用来标识这些常见的结构，不需要再为Div的命名费尽心思，对于手机、阅读器等设备更有语义的好处。

 提示

HTML5增加了新的结构元素来表达这些最常用的结构。

① section：可以表达书本的一部分、一章或一节。

② header：页面主体上的头部，并非head元素。

③ footer：页面的底部（页脚），可以是一封邮件签名的所在。

④ nav：到其他页面的链接集合。

⑤ article：博客、杂志、文章汇编等中的一篇文章。

1. section元素

section元素表示页面中的一个内容区块，比如章节、页眉、页脚或页面中的其他部分。它可以与h1、h2、h3、h4、h5、h6等元素结合起来使用，标示文档结构。

HTML5中代码示例：

```
<section>…</section>
```

2. header元素

header元素表示页面中一个内容区块或整个页面的标题。

HTML5中代码示例：

```
<header>…</header>
```

3. footer元素

footer元素表示整个页面或页面中一个内容区块的脚注。一般来说，它会包含创作者的姓名、创作日期及创作者的联系信息。

HTML5中代码示例：

```
<footer>…</footer>
```

4. nav元素

nav元素表示页面中导航链接的部分。

HTML5中代码示例：

```
<nav>…</nav>
```

5. article元素

article元素表示页面中与上下文不相关的一块独立内容，如博客中的一篇文章或报纸中的一篇文章。

HTML5中代码示例：

```
<article>…</article>
```

下面是一个网站的页面，用HTML5编写代码如下所示。

```
<!doctype html>
<html>
<head>
<meta charset=" gb2312 ">
<title>html5新增结构元素</title>
</head>
<body>
<header>
<h1>北京新雨辰科技</h1>
</header>
<section>
<article>
<h2><a href=" http:// "  mce_href=" http:// ">标题1</a></h2>
<p>内容1...</p>
</article>
<article>
<h2><a href=" http:// "  mce_href=" http:// ">标题2</a></h2>
<p>内容2...</p>
</article> ...
</section>
<footer>
<nav>
<ul>
<li><a href=" http:// "  mce_href=" http:// ">导航1</a></li>
<li><a href=" http:// "  mce_href=" http:// ">导航2</a></li>
 ... </ul>
 </nav>
<p>&copy; 北京新雨辰科技</p>
```

```
</footer>
</body>
</html>
```

运行代码，在浏览器中浏览，效果如图1.5所示。引入这些新元素，布局中将不再都是div元素，而是通过标签元素就可以识别出每个部分的内容和定位的代码。这种改变对于搜索引擎而言，将极大提高内容的准确度。

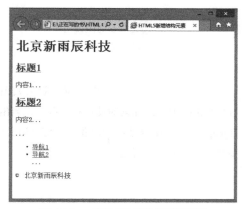

图1.5 HTML5新增结构元素实例浏览效果

1.3.2 新增的块级元素

HTML5还增加了一些纯语义性的块级元素：aside、figure、figcaption、dialog。

① aside：定义所处位置内容之外的内容，如侧边栏。

② figure：定义媒介内容的分组，以及它们的标题。

③ figcaption：媒介内容的标题说明。

④ dialog：定义对话（会话）。

1. aside元素

aside可以用于表达注记、侧栏、摘要、插入的引用等作为补充主体的内容。表达blog的侧栏的代码如下。在浏览器中浏览，效果如图1.6所示。

```
<aside>
<h3>最新文章</h3>
<ul>
<li><a href="#">文章标题</a></li>
</ul>
</aside>
```

图1.6 aside元素

2. figure元素与figcaption元素

figure元素表示一段独立的流内容，一般表示文档主题流内容中的一个独立单元。使用figcaption元素为figure元素组添加标题。以下是给图片添加标示的示例。

HTML4代码示例：

```
<img src="index.jpg" alt="葡萄酒业有限公司" />
<p>葡萄酒业有限公司</p>
```

上面的代码文字在<p>标签里，与<img>标签各行其道，很难让人联想到这就是标题。

HTML5代码示例：

```
<figure>
<img src="index.jpg" alt="葡萄酒业有限公司" />
```

```
        <figcaption>
            <p>葡萄酒业有限公司</p>
        </figcaption>
    </figure>
```

运行代码，在浏览器中浏览，效果如图1.7所示。HTML5采用figure元素对此进行了改进。当figure元素和figcaption元素组合使用时，我们就可以语义化地联想到这就是图片对应的标题。

图1.7 figure元素实例

3. dialog元素

dialog元素用于表达人与人之间的对话。在HTML5中，<dt>标签用于表示说话者，而<dd>标签则用来表示说话的内容。

```
<dialog>
<dt>问</dt>
<dd>这次夏令营和一般旅游有何区别？</dd>
<dt>答</dt>
<dd>
本次夏令营以游学为主，每10～15人有一名语文老师带队，侧重于了解黄河流域的文化，而且线路是独家定制的。
</dd>
<dt>问</dt>
<dd>15天的行程是否太长？</dd>
<dt>答</dt>
<dd>15天应该是个临界线，由于本次游学线路的特殊性，行程太短学生无法对所走路线形成一个整体的认识，所以安排的15天行程，除第7天的行程略有些紧张外，其他都不会太累，保证孩子不至于太过疲劳。</dd>
    </dialog>
```

运行代码，在浏览器中浏览，效果如图1.8所示。

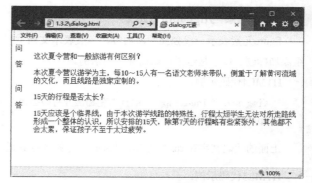

图1.8 dialog元素示例

1.3.3　新增的行内语义元素

HTML5增加了一些行内语义元素：mark、time、meter、progress。

① mark：定义有记号的文本。

② time：定义日期或时间。

③ meter：定义预定义范围内的度量。

④ progress：定义运行中的进度。

1. mark元素

mark元素用来标记一些不需要特别强调的文本。

举例：

```
<!doctype html>
<html>
<head>
<title>mark元素</title>
</head>
<body>
<p>国庆节期间，高一年级全体同学<mark>去中国科技馆参观</mark>。</p>
</body>
</html>
```

运行代码，在浏览器中浏览，效果如图1.9所示，<mark>与</mark>标签之间的文字"去中国科技馆参观"添加了记号。

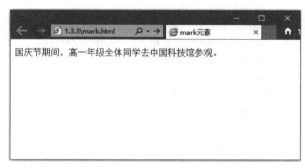

图1.9　mark元素示例

2. time元素

time元素用于定义时间或日期。该元素可以代表24小时中的某一时刻，在表示时刻时，允许有时间差。在设置时间或日期时，只需将该元素的属性"datetime"设为相应的时间或日期即可。

举例：

```
<p id="p1">
<time datetime="2019-10-31">今天是2019年10月31日</time>
<p>
<p id="p2">
<time datetime="2019-10-31">经中心校研究决定，于11月8日上午8:00在中心小学多功能教室举行"第五届小学生艺术展演暨庆'六一'文艺汇演"，届时我们将邀请知名艺术老师做评委。请各校积极做好参展的各项工作，特别要做好安全预案，校长要亲自带队，确保师生安全。
</time>
</p>
```

```
<p id="p3">
<time datetime="2019-3-20" pubdate="true">本消息发布于2019年10月31日</time>
</p>
```

  <p>标签ID为"p1"，其中的<time>元素表示日期。页面在解析时，获取的是属性"datetime"中的值，而标签之间的内容只用于显示在页面中。

  <p>元素ID为"p2"中的<time>元素表示日期和时间。

  <p>元素ID为"p3"中的<time>元素表示发布日期。为了在文档中对这两个日期进行区分，在最后一个<time>元素中增加了"pubdate"属性，表示此日期为发布日期。

  运行代码，在浏览器中浏览，效果如图1.10所示。

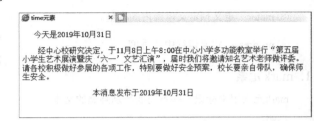

图1.10 time元素示例

3. progress元素

  progress是HTML5中新增的状态交互元素，用来表示页面中某个任务完成的进度（进程）。例如下载文件时，文件下载到本地的进度值，可以通过该元素动态展示在页面中，展示的方式既可以是整数（如1～100），也可以是百分比（如10%～100%）。

  举例：

```
<!doctype html>
<html>
<head>
<meta charset="utf-8" />
<title>progress元素在下载中的使用</title>
<style type="text/css">
body { font-size:13px}
p {padding:0px; margin:0px }
.inputbtn {
border:solid 1px #ccc;
background-color:#eee;
line-height:18px;
font-size:12px
}
</style>
</head>
<body>
<p id="pTip">开始下载</p>
<progress value="0" max="100" id="proDownFile"></progress>
<input type="button" value="下载" class="inputbtn" onClick="Btn_Click();">
<script type="text/javascript">
var intValue = 0;
var intTimer;
var objPro = document.getElementById('proDownFile');
var objTip = document.getElementById('pTip');   //定时事件
function Interval_handler() {
intValue++;
```

```
objPro. value = intValue;
if (intValue >= objPro.max) { clearInterval(intTimer);
objTip. innerHTML = "下载完成！"; }
else {
objTip. innerHTML = "正在下载" + intValue + "%";
}
}    //下载按钮单击事件
function Btn_Click(){
intTimer = setInterval(Interval_handler, 100);
}
</script>
</body>
</html>
```

　　为了使progress元素能动态展示下载进度，需要通过JavaScript代码编写一个定时事件。在该事件中，累加变量值，并将该值设置为progress元素的"value"属性值。当这个属性值大于或等于progress元素的"max"属性值时，则停止累加，并显示"下载完成！"字样，否则，动态显示正在累加的百分比数，如图1.11所示。

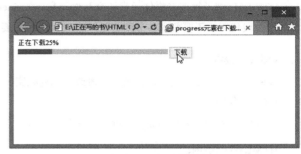

图1.11 progress元素示例

4. meter元素

　　meter元素用于表示在一定数量范围中的值，如投票中候选人各占比例情况及考试分数等。

　　举例：

```
<!doctype html>
<html>
<head>
<meta charset="utf-8" />
<title>meter元素</title>
<style type="text/css">
body { font-size:13px }
</style>
</head>
<body>
<p>共有200人参与投票，投票结果如下：</p>
<p>王兵：
<meter value="30" optimum="100"  high="90" low="10" max="100" min="0"></meter>
<span> 30% </span></p>
<p>李明： <meter value="70" optimum="100"  high="90" low="10" max="100" min="0">
</meter>
<span> 70% </span>
</p>
</body>
</html>
```

候选人"李明"所占的比例是百分制中的70，最低
比例可能为0，但实际最低为10；最高比例可能为100，
但实际最高为90，如图1.12所示。

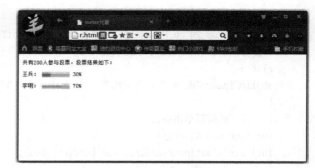

图1.12　meter元素示例

1.3.4　新增的嵌入多媒体元素与交互性元素

HTML5新增了很多多媒体元素和交互性元素，如video、 audio。如果要在HTML4中嵌入一个视频或音频，需要
引入一大段代码，还要兼容各个浏览器，而HTML5只需要引入一个标签就可以实现，就像<img>标签一样方便。

1. video元素

video元素用于定义视频，如电影片段或其他视频流。

HTML5代码示例：

```
<video src="movie.ogg" controls="controls">video元素</video>
```

HTML4代码示例：

```
<object type="video/ogg" data="movie.ogv">
<param name="src" value="movie.ogv">
</object>
```

2. audio元素

audio元素用于定义音频，如音乐或其他音频流。

HTML5代码示例：

```
<audio src="someaudio.wav">audio元素</audio>
```

HTML4代码示例：

```
<object type="application/ogg" data="someaudio.wav">
<param name="src" value="someaudio.wav">
</object>
```

3. embed元素

embed元素用来插入各种多媒体，格式可以是MIDI、WAV、AIFF、AU、MP3等。

HTML5代码示例：

```
<embed src="horse.wav" />
```

HTML4代码示例：

```
<object data="flash.swf" type="application/x-shockwave-flash"></object>
```

1.3.5　新增的input元素的类型

在制作网站页面的时候，难免会遇到表单开发，用户输入的大部分内容都是在表单中完成并提交到后台的。HTML5也提供了大量的表单功能。

HTML5对input元素进行了大幅度的改进，我们可以简单地使用这些新增的元素来实现以往需要JavaScript才能实现的功能。

1. url类型

input元素里的url类型是一种专门用来输入url地址的文本框。如果该文本框中内容不是url地址格式的文字，则不允许提交。例如：

```
<form>
    <input name="urls" type="url" value="url" />
    <input type="submit" value="提交" />
</form>
```

设置此类型后，从外观上来看与普通元素差不多，如图1.13所示。可是将此类型放到表单中后，单击"提交"按钮，如果此文本框中输入的不是URL地址，将无法提交。

图1.13　url类型示例

2. email类型

如果将上面的URL类型代码中的type修改为email，那么在表单提交的时候会自动验证此输入框中的内容是否为email格式，如果不是，则无法提交。代码如下：

```
<form>
    <input name="email" type="email" />
    <input type="submit" value="提交" />
</form>
```

其外观如图1.14所示。

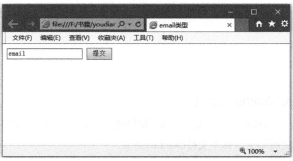

图1.14　email类型示例

3. date类型

input元素里的date类型在开发网页过程中是很常见的。例如，我们经常看到的购买日期、发布时间、订票时间等。date类型的时间采用的是日历的形式，方便用户输入，如图1.15所示。

```
<form>
    <input id="lykongtiao _date" type="date" />
    <input type="submit" value="提交" />
</form>
```

在HTML4中，需要结合使用JavaScript才能实现日历选择日期的效果。在HTML5中，只需要设置input为date类型即可，提交表单的时候也不需要验证数据。

图1.15 date类型示例

4. time类型

input里的time类型是专门用来输入时间的文本框，并且在提交时会检查输入时间的有效性。它的外观可能会根据不同类型的浏览器而呈现不同的形式。

```
<form>
    <input id=" linyikongtiao_time " type=" time "/>
    <input type=" submit " value=" 提交 "/>
</form>
```

time类型是用来输入时间的，在提交的时候检查是否输入了有效的时间。其外观如图1.16所示。

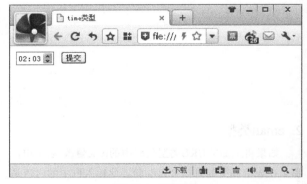

图1.16 time类型示例

5. datetime类型

datetime类型是一种专门用来输入本地日期和时间的文本框，同样，它在提交的时候会对数据进行检查。但目前主流浏览器都不支持datetime类型。

```
<form>
    <input id=" linyikongtiao_datetime " type=" datetime "/>
    <input type=" submit " value=" 提交 "/>
</form>
```

1.3.6 废除的元素

HTML5中废除了很多元素，具体如下。

1. 能使用CSS替代的元素

对于basefont、big、center、font、s、strike、tt、u这些元素，因为它们的功能都是纯粹为页面样式服务的，而HTML5提倡把页面样式功能放在CSS样式表中编辑，所以将这些元素废除了。

2. 不再使用frame框架相关的元素

对于frameset元素、frame元素与noframes元素，因为frame框架对网页可用性存在负面影响，HTML5已不支持frame框架，只支持iframe框架，所以将以上三个元素废除了。

3. 只有部分浏览器支持的元素

对于applet、bgsound、blink、marquee等元素，因为只有部分浏览器支持这些元素，特别是bgsound元素和marquee元素，只能在Internet Explorer浏览器中运行，所以HTML5将这些元素废除了。applet元素可由embed元素或object元素替代，bgsound元素可由audio元素替代，marquee元素可以由JavaScript编程的方式替代。

4. 其他被废除的元素

acronym元素，使用abbr元素替代。

dir元素，使用ul元素替代。

isindex元素，使用form元素与input元素相结合的方式替代。

listing元素，使用pre元素替代。

xmp元素，使用code元素替代。

nextid元素，使用GUIDS替代。

plaintext元素，使用"text/plian" MIME类型替代。

1.3.7 课堂练习——使用记事本手工编写HTML代码

HTML是一款以文字为基础的语言，不需要什么特殊的开发环境，可以直接在Windows自带的记事本中编写。HTML文档以.html为扩展名，将HTML源代码输入到记事本并保存，可以在浏览器中打开文档以查看其效果。

使用记事本编写HTML文件的具体操作步骤如下。

01 执行"开始"|"所有程序"|"附件"|"记事本"命令，打开记事本，即可编写HTML代码，如图1.17所示。

02 编辑完成HTML文件后，执行"文件"|"保存"命令，弹出"另存为"对话框，将它存为扩展名为.htm或.html的文件即可，如图1.18所示。

图1.17 编辑HTML代码

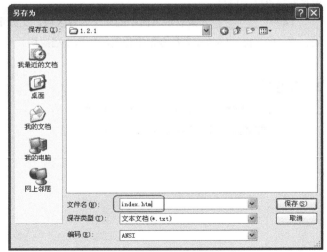

图1.18 【另存为】对话框

03 单击"保存"按钮，保存文档。打开网页文档，在浏览器中预览，效果如图1.19所示。

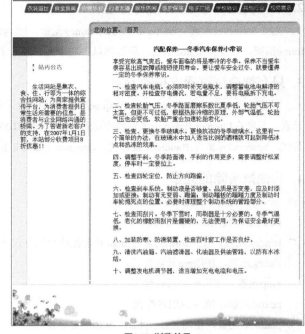

提示

任何文字处理器都可以用来处理HTML代码，但必须记住，要以.html的扩展名对其进行保存。

图1.19 浏览效果

1.4 课后习题

1. 填空题

（1）HTML5增加的新结构元素有_____、_____、_____、_____、_____。

（2）HTML5提供了高效的_____、_____、_____和_____工具，其促进了Web上和便携式设备的跨浏览器应用的开发。

（3）_____元素表示整个页面或页面中一个内容区块的脚注。一般来说，它会包含创作者的姓名、创作日期及创作者联系信息。

（4）_____元素表示页面中的一个内容区块，比如章节、页眉、页脚或页面中的其他部分。它可以与h1、h2、h3、h4、h5、h6等元素结合起来使用，标示文档结构。

2. 简述题

（1）HTML5标准对于SEO有什么优势呢？

（2）HTML5中新增和废除了哪些元素？

第2章

HTML5结构元素

内容摘要

在HTML5的新特性中，新增的结构元素的主要功能是解决在HTML4中频繁使用div元素的问题，增强网页内容的语义性，搜索引擎将更好识别和组织索引内容。合理使用这种结构元素，将极大提高搜索结果的准确度，并且能很好地改善搜索体验。

课堂学习目标

●掌握新增的主体结构元素　　　　　　　●掌握新增的非主体结构元素

2.1 新增的主体结构元素

为了使文档的结构更加清晰明确，容易阅读，HTML5中增加了很多新的结构元素，下面具体介绍。

2.1.1 article元素

article元素可以包含独立的内容项，如一个论坛帖子、一篇杂志文章、一篇博客文章、用户评论等。这个元素可以将信息各部分进行任意分组，与信息原来的性质无关。作为文档的独立部分，每一个article元素的内容都具有独立的结构。

下面以一段简短文字讲述article元素的使用具体代码如下。

```
<article>
  <header>
      <h1>不能改变世界，就要改变自己去适应环境</h1>
  </header>
  <br>
  <p>一个人要想改变命运，最重要的是要改变自己。在相同的境遇下，不同的人会有不同的命运。要明白，命运
不是由上天决定的，而是由你自己决定的。</p>
  <footer>
  <p>
  <small>版权所有@×××科技。</small>
  </p>
  </footer>
</article>
```

header元素中嵌入了文章的标题部分，h1元素中是文章的标题"不能改变世界，就要改变自己去适应环境"，标题下部的p元素中是文章的正文，结尾处的footer元素中是文章的版权声明。在浏览器中预览，效果如图2.1所示。

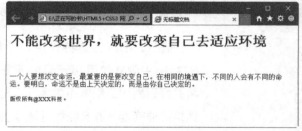

图2.1 article元素的使用

article元素也可以用来表示插件，它的作用是使插件看起来好像内嵌在页面中一样。

```
<article>
<h1>article表示插件</h1>
<object>
<param name="allowfullscreen" value="true">
<embed src="#" width="600" height="395"></embed>
</object>
</article>
```

一个网页中可能有多个独立的article元素，每一个article元素都允许有自己的标题与脚注等从属元素，并允许对自己的从属元素单独使用样式。一个网页中的样式代码可能如下所示。

```
header{
display:block;
```

```
color:green;
text-align:center;}
aritcle header{
color:red;
text-align:left;}
```

2.1.2　section元素

section元素用于对网站页面上的内容进行分块。一个section元素通常由内容及其标题组成。但section元素也并非一个普通的容器元素，当一个容器需要被重新定义样式或者定义脚本行为的时候，还是推荐使用div元素控制。不要将section元素与article元素混淆。

下面是一个带有section元素的示例，具体代码如下。

```
<article>
  <h1>李白</h1>
  <p>字太白，号青莲居士，唐代伟大的浪漫主义诗人，被后人誉为诗仙，李白存世诗文千余篇，有《李太白集》
传世。</p>
  <section>
    <h3>望庐山瀑布</h3>
    <p>日照香炉生紫烟，遥看瀑布挂前川。<br>
    飞流直下三千尺，疑是银河落九天。</p>
  </section>
  <section>
    <h3>早发白帝城</h3>
    <p>朝辞白帝彩云间，千里江陵一日还。<br>
    两岸猿声啼不住，轻舟已过万重山。</p>
  </section>
</article>
```

从上面的代码可以看出，网页整体呈现的是一段完整独立的内容，所有我们要用article元素包起来，这其中又可分为三段，每一段都有一个独立的标题，使用了两个section元素为其分段，使文档的结构更清晰。在浏览器中预览，效果如图2.2所示。

article元素和section元素有什么区别呢？在HTML5中，article元素可以看成一种特殊种类的section元素，section元素强调分段或分块，而article元素强调独立性。如果一块内容相对来说比较独立、完整，应该使用article元素，但是如果想将一块内容分成几段，应该使用section元素。

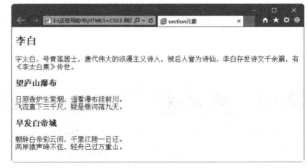

图2.2　section元素的示例

2.1.3　nav元素

nav元素在HTML5中用于包裹一个导航链接组，用于说明这是一个导航组，同一个页面中可以同时存在多个nav元素。nav元素常用的场景有传统的导航条、侧边栏导航、页内导航、翻页操作等。

并不是所有的链接组都要放进nav元素，只需将主要的、基本的链接组放进nav元素即可。导航可以是页与页之间的导航，也可以是页内的段与段之间的导航。HTML5可以直接将导航链接列表放到<nav>标签中。

举例：

```
<!doctype html>
<html>
<head>
<meta charset="utf-8">
<title>nav元素</title>
</head>
<body>
<header>
  <h1>网站页面之间导航</h1>
    <nav>
     <ul>
       <li><a href="index.html">首页</a></li>
       <li><a href="about.html">关于我们</a></li>
       <li><a href="bbs.html">在线论坛</a></li>
     </ul>
    </nav>
   <h1></h1>
  </header>
</body>
</html
```

这个示例是页面之间的导航，nav元素中包含了三个用于导航的超链接，即"首页""关于我们""在线论坛"。该导航可用于全局导航，也可放在某个段落中，作为区域导航。运行代码，显示效果如图2.3所示。

图2.3 页面之间导航

2.1.4 aside元素

aside元素用来表示当前页面或文章的附属信息部分，它可以包含与当前页面或主要内容相关的引用、侧边栏、广告、导航条，以及其他有别于主要内容的部分。

aside元素主要有以下两种使用方法。

（1）作为主要内容的附属信息部分，包含在article元素中，其内容可以是与当前文章有关的参考资料、名词解释等。

```
<article>
 <h1>…</h1>
<p>…</p>
<aside>…</aside>
</article>
```

（2）作为页面或站点全局的附属信息部分，在article元素之外使用。最典型的是侧边栏，其内容可以是友情链接、文章列表、广告单元等。代码如下所示，运行代码效果如图2.4所示。

```
<aside>
<h2>新闻资讯</h2>
<ul>
<li>企业新闻</li>
<li>行业信息</li>
</ul>
<h2>经营产品</h2>
<ul>
<li>上衣外套</li>
<li>时尚裙子</li>
<li>裤子鞋帽</li>
</ul>
</aside>
```

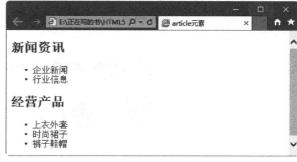

图2.4　aside元素示例

2.2　新增的非主体结构元素

HTML5内还增加了一些表示逻辑结构或附加信息的非主体结构元素。

2.2.1　课堂案例——创建企业简介网页

下面利用HTML5中的非主体结构元素布局企业简介网页，如图2.5所示。

图2.5　企业简介网页

01 插入网页头部部分，这部分主要是插入网页logo和网站导航，其HTML结构元素代码如下，网页效果如图2.6所示。

```
<header>
        <div class="shell">
                <h1 id="logo"><a href="#">科技公司</a></h1>
                <nav>
                    <ul>
                            <li class="active">
                            <a href="#">主页</a></li>
                            <li>
                            <a href="#">公司介绍</a></li>
                            <li>
                            <a href="#">公司新闻</a></li>
                            <li>
                            <a href="#">产品介绍</a></li>
```

```
                                            <li>
                                    <a href="#">联系我们</a></li>
                            </ul>
                    </nav>
            </div>
    </header>
```

图2.6 网页header部分

02 插入网页正文部分，其HTML结构元素代码如下，网页效果如图2.7所示。

```
<div class="shell">
    <div class="main">
     <hgroup>
     <h1>公司介绍</h1>
      </hgroup>
      <article>
      <p> </p>
      <p>作为一个新公司，其发展壮大得益于公司的集团化运作模式和社会各界的鼎力支持，同时也得益于公司
优秀专业队伍。公司目前内部管理结构完善，人员状况配置合理，符合现代企业制度要求，为公司后期的发展奠定了坚
实的基础。
           未来公司将继续保持发展动力，以过硬的工程质量、良好的服务声誉，崇高的社会责任感去赢得社会更多客户
和人士的信赖与认可，不断为全市经济跨越发展和长治久安，构造和谐社会做出新的贡献。</p>
      </article>
    </div>
</div>
```

图2.7 插入网页正文部分

03 插入网页底部部分，这部分主要在footer内，其HTML结构元素代码如下，网页效果如图2.8所示。

```
<footer>
    <div class="shell">
    <section class="footer-cols">
       <address>
       <h3> <strong>联系我们：北京市海淀区西三环北路×××号</strong></h3>
       <h4>电话：12××4567802</h4>
       <a href="#">johsdndoe@×××.com</a>
       </address>
```

```
        </section>
      </div>
   </footer>
```

图2.8　插入网页底部部分

2.2.2　header元素

header元素是一种具有引导和导航作用的结构元素，通常用来放置整个页面或页面内某个内容区块的标题，header元素内也可以包含其他内容，如表格、表单或相关的Logo图片等。

在架构页面时，整个页面的标题常放在页面的开头，因此，<header>标签一般都放在页面的顶部。可以用如下所示的形式书写页面的标题。

```
<header>
    <h1>页面标题</h1>
</header>
```

一个网页可以拥有多个header元素，可以为每个内容区块加一个header元素。

```
<header>
    <h1>网页标题</h1>
</header>
<article>
    <header>
        <h1>文章标题</h1>
    </header>
    <p>文章正文</p>
</article>
```

在HTML5中，一个header元素通常包括至少一个headering元素（h1~h6），也可以包括hgroup、nav等元素。

2.2.3　hgroup元素

hgroup元素用于组合网页或区段（section）的标题。hgroup元素是将标题及其子标题进行分组的元素。当标题有多个层级（副标题）时，hgroup元素用来对一系列<h1>~<h6>标签进行分组。

如果文章有标题和子标题，就可以使用hgroup元素。通常情况下，如果文章只有一个主标题是不需要使用hgroup元素的。hgroup元素示例代码如下所示，运行代码显示的效果如图2.9所示。

```
<!doctype html>
<html>
<head>
<meta charset="utf-8">
<title>hgroup元素</title></head>
<article>
    <header>
        <hgroup>
```

```
        <h1>李白古诗</h1>
        <h2>《静夜思》</h2>
      </hgroup>
      <p>床前明月光，疑是地上霜。举头望明
月，低头思故乡。</p>
    </header>
  </article>
</html>
```

李白古诗

《静夜思》

床前明月光，疑是地上霜。举头望明月，低头思故乡。

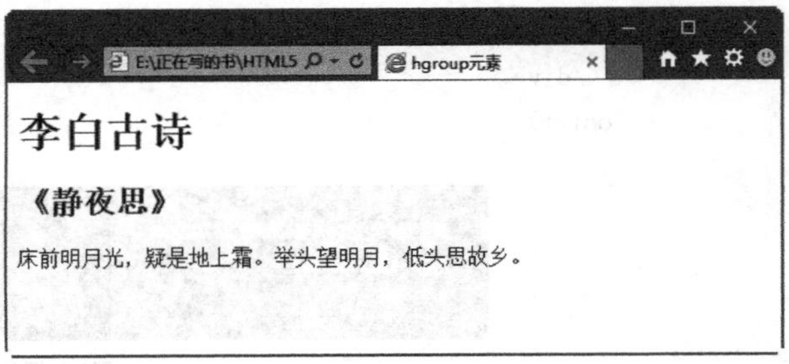

图2.9 hgroup元素

2.2.4 footer元素

footer元素通常包括与其相关区块的脚注信息，如作者、相关阅读链接及版权信息等。footer元素和header元素的使用方法基本一样，可以在一个页面中使用多次。如果在一个区段后面加入footer元素，那么它就相当于该区段的尾部了。

在HTML5出现之前，通常使用类似下面的代码来写页面的页脚。

```
<div id="footer">
    <ul>
        <li>版权信息</li>
        <li>站点地图</li>
        <li>联系方式</li>
    </ul>
</div>
```

在HTML5中，可以不使用div元素，而用更加语义化的footer元素来写。

```
<footer>
    <ul>
        <li>版权信息</li>
        <li>站点地图</li>
        <li>联系方式</li>
    </ul>
</footer>
```

footer元素既可以用作页面整体的页脚，也可以作为一个内容区块的结尾，例如，可以将<footer>标签直接写在<section>标签或是<article>标签中。

在article元素中添加footer元素：

```
<article>
    文章内容
    <footer>
        文章的脚注
    </footer>
</article>
```

在section元素中添加footer元素：

```
<section>
    分段内容
    <footer>
```

```
            分段内容的脚注
        </footer>
    </section>
```

2.2.5 address元素

address元素通常位于文档的末尾，用来在文档中呈现联系信息，包括文档创建者的姓名、站点链接、电子邮箱、地址、电话号码等。address元素不仅是用来呈现电子邮箱或真实地址这样的"地址"概念，还可以呈现与文档创建者相关的各类联系方式。

下面是address元素示例。

```
<!doctype html>
<html>
<head>
<meta http-equiv="content-type" content="text/html; charset=gb2312" />
        <title>address元素实例</title>
</head>
<body>
<address>
<a href="mailto:example@example.com">webmaster</a><br />
某装修公司<br />
×××区×××号<br/>
</address>
</body>
</html>
```

浏览器中显示地址的方式与其周围的文档不同，IE、Firefox和Safari浏览器以斜体显示地址，如图2.10所示。

图2.10 address元素示例

2.2.6 课堂练习——用HTML5中的结构元素布局主页

下面利用HTML5中的结构元素布局主页，如图2.11所示。

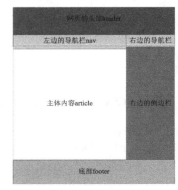

图2.11 布局主页

01 制作页面整体框架，其HTML结构元素代码如下。

```
<div class="box">
<header>网页的头部header</header>
<div class="box1">
<nav>左边的导航栏nav</nav>
<aside>右边的导航栏aside</aside>
<article>主体内容article</article>
<section>右边的侧边栏section</section>
</div>
<footer>底部footer</footer>
</div>
```

这里在header元素中插入网页头部内容，在nav元素和aside元素中插入导航栏，在article元素中插入主体内容，在section元素中插入侧边栏，在footer元素中插入底部内容。

02 输入CSS定义网页外边距和box整体样式，其代码如下，此时网页的效果如图2.12所示。

```
<style>
* {
margin: 0;
padding: 0;
}
.box {
width: 80%;
text-align: center;
font-size: 30px;
margin: 10px auto;
}
</style>
```

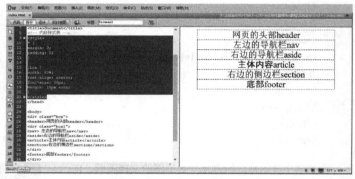

图2.12 网页外边距和box整体样式效果

03 使用CSS定义网页头部内容header的样式，其代码如下，此时网页的效果如图2.13所示。

```
header {
width: 100%;
height: 120px;
outline: 1px solid red;
line-height: 100px;
background: #F0C
}
```

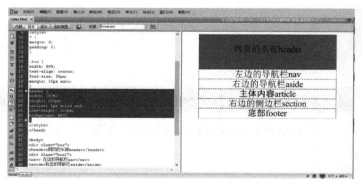

图2.13 定义网页头部内容header的样式

04 使用CSS定义左边和右边导航栏的样式，其代码如下，此时网页的效果如图2.14所示。

```
.box1 {
width: 100%;
position: relative;
height: 550px;
```

```
}
nav {
width: 70%;
height: 60px;
outline: 1px solid black;
position: absolute;
left: 0px;
top: 0px;
line-height: 50px;
background:#FCF
}
aside {
width: 30%;
height: 60px;
outline: 1px solid blue;
position: absolute;
right: 0px;
top: 0px;
line-height: 50px;
background:#FCF
}
```

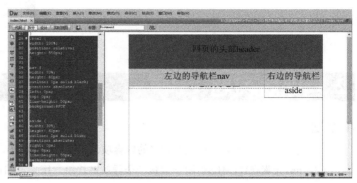

图2.14　定义左边和右边导航栏的样式

05 使用CSS定义主体内容article和右边侧边栏section的样式，其代码如下，此时网页效果如图2.15所示。

```
article {
width: 70%;
height: 500px;
outline: 1px pink solid;
position: absolute;
left: 0px;
top: 50px;
line-height: 500px;
}
section {
width: 30%;
height: 500px;
outline: 1px yellow solid;
position: absolute;
right: 0px;
top: 50px;
line-height: 500px;
background:#DE83CA
}
```

图2.15　定义主体内容article和右边侧边栏section的样式

06 使用CSS定义底部footer的样式，其代码如下，此时主页布局最终效果如图2.16所示。

```
footer {
width: 100%;
height: 120px;
outline: 1px solid rebeccapurple;
```

```
line-height: 100px;
background:#DDC6DA
}
```

图2.16 主页布局最终效果

2.3 课后习题

填空题

（1）_____元素可以包含独立的内容项，如一个论坛帖子、一篇杂志文章、一篇博客文章、用户评论等。

（2）nav元素在HTML5中用于包裹一个导航链接组，用来说明这是一个导航组，在同一个页面中可以同时存在_____个nav元素。

（3）_____元素是一种具有引导和导航作用的结构元素，通常用来放置整个页面或页面内某个内容区块的标题，_____内也可以包含其他内容，如表格、表单或相关的Logo图片。

（4）_____元素用于组合网页或区段（section）的标题。_____元素是将标题及其子标题进行分组的元素。

第3章

HTML5页面基本元素

内容摘要

　　一个完整的HTML文档必须包含3个部分：由html元素定义的文档版本信息，由head元素定义各项声明的文档头部和由body元素定义的文档主体部分。head元素作为各种声明信息的包含元素出现在文档的顶端，并且要先于body元素出现。body元素用来显示文档主体内容。本章讲解这些基本元素的使用，这些元素是一个完整的网页必不可少的。

课堂学习目标

- 认识页面头部元素head
- 掌握元信息元素meta
- 掌握页面主体元素body
- 掌握创建样式元素style
- 掌握页面标题元素title
- 掌握页面主体元素body
- 掌握脚本元素script

3.1 页面头部元素head

在HTML文档的头部元素中，一般需要包括标题、基础信息和元信息等。HTML文档的头部元素以\<head\>为开始标签，以\</head\>为结束标签。

语法：

```
<head>…</head>
```

说明：

head元素的作用范围是整篇文档。head元素中可以有meta元信息定义、文档样式表定义和脚本等信息，定义在HTML文档头部的内容往往不会在网页上直接显示。

举例：

```
<!doctype html>
<html>
<head>
文档头部信息
</head>
<body>
文档正文内容
</body>
</html>
```

3.2 页面标题元素title

HTML页面的标题一般是用来说明页面的用途，在浏览器的标题栏中显示。在HTML文档中，标题信息设置在\<head\>与\</head\>标签之间。页面标题以\<title\>标签开始，以\</title\>标签结束。

语法：

```
<title>…</title>
```

说明：

在标签中间的"…"就是标题的内容，它可以更好地帮助用户识别页面。页面的标题只有一个，它位于HTML文档的头部，即\<head\>和\</head\>之间。

举例：

```
<!doctype html>
<html>
<head>
<meta http-equiv="content-type" content="text/html; charset=gb2312" />
<title>页面标题title</title>
</head>
<body>
</body>
</html>
```

3.3　元信息元素meta

meta元素用来指定网页的描述、关键词、文件的最后修改时间、作者及其他信息，但这些信息不显示在页面中。在HTML中，meta元素不需要设置结束标签，meta内容定义在一对尖括号内。一个HTML页面中可以有多个meta元素。meta元素的属性有name和http-equiv，其中name属性主要用于描述网页，以便于搜索引擎查找、分类。

3.3.1　定义网页语言

在网页中还可以设置语言的编码方式，这样浏览器就可以正确地选择语言，而不需要人工选取。

语法：

```
<meta http-equiv="content-type"  content="text/html; charset=字符集类型"  />
```

说明：

在该语法中，http-equiv用于传送HTTP通信协议头，而content中的内容才是具体的属性值。charset用于设置网页的编码类型，也就是字符集的类型，国内常用的是GB码，charset往往设置为gb2312，即简体中文。英文是ISO-8859-1字符集，此外，还有其他的字符集。

举例：

```
<!doctype html>
<html>
<head>
<meta http-equiv="content-type"  content="text/html; charset=euc-jp"  />
<title>Untitled Document</title>
</head>
<body>
</body>
</html>
```

加粗部分的代码设置的是网页文字及语言，此处设置的语言为日语。

3.3.2　定义页面关键字

在搜索引擎中，检索信息都是通过搜索关键字来实现的。关键字是整个网站设计过程中最基本、最重要的一步，是优化网页的基础。在浏览网页时是看不到关键字的，关键字是供搜索引擎使用的。当用关键字搜索网站时，如果网页中包含该关键字，就可以在搜索结果中显示。

语法：

```
<meta name="keywords"  content="输入具体的关键字">
```

说明：

在该语法中，name为属性名称，这里是keywords，也就是设置网页的关键字属性，而在content中的内容是定义具体的关键字。

举例：

```
<!doctype html>
<html>
<head>
```

```
<meta name="keywords" content="插入关键字">
<title>插入关键字</title>
</head>
<body>
</body>
</html>
```

3.3.3 设置页面说明

设置页面说明是为了便于搜索引擎查找，它用来详细说明网页的内容。页面说明在网页中不显示。

语法：

```
<meta name="description" content="设置页面说明">
```

说明：

在该语法中，name为属性名称，这里设置为description，也就是将元信息属性设置为页面说明；在content中定义具体的描述语言。

举例：

```
<!doctype html>
<html>
<head>
<meta name="description" content="设置页面说明">
<title>设置页面说明</title>
</head>
<body>
</body>
</html>
```

加粗部分的代码设置的是页面说明。

3.3.4 设置页面跳转

使用<meta>标签可以使网页在经过一定时间后自动刷新，可通过将http-equiv属性值设置为refresh来实现。content属性值可以设置为更新时间。

在浏览网页时经常会看到一些显示欢迎信息的页面，在经过一段时间后，这些页面会自动转到其他页面，这就是网页的跳转。

语法：

```
<meta http-equiv="refresh" content="跳转的时间;URL=跳转到的地址">
```

说明：

在该语法中，refresh表示网页的刷新，在content中设置刷新的时间和刷新后的链接地址，时间和链接地址之间用分号隔开。默认情况下，跳转时间以秒为单位。

举例：

```
<!doctype html>
<html>
<head>
<meta http-equiv="refresh" content="20;url=index1.html">
<title>网页的定时跳转</title>
```

```
</head>
<body>
20秒后自动跳转
</body>
</html>
```

加粗部分的代码设置的是网页的定时跳转，这里设置为20秒后跳转到index1.html页面。

3.3.5　设置页面的作者信息

在源代码中还可以设置网页制作者的姓名。

语法：

```
<meta name="author" content="作者的姓名">
```

说明：

在该语法中，name为属性名称，设置为author，也就是设置作者信息，在content中定义具体的信息。

举例：

```
<!doctype html>
<html>
<head>
<meta name="author" content="小溪">
<title>设置作者信息</title>
</head>
<body>
</body>
</html>
```

加粗部分的代码功能为设置作者信息。

3.3.6　页面的编辑工具

现在，有很多编辑软件都可以制作网页，在源代码的头部可以设置网页编辑工具的名称。与其他meta元素相同，编辑工具只能在页面的源代码中呈现，而不会显示在浏览器中。

语法：

```
<meta name="generator" content="编辑软件的名称">
```

说明：

在该语法中，name为属性名称，设置为generator，也就是设置编辑工具，在content中定义具体的编辑工具名称。

举例：

```
<!doctype html>
<html>
<head>
<meta name="generator" content="FrontPage">
<title>设置编辑工具</title>
</head>
<body>
```

```
</body>
</html>
```

加粗部分的代码功能为设置编辑工具。

3.4 页面主体元素body

<body>和</body>标签中放置内容的是页面中所有的内容，如图片、文字、表格、表单、超链接等。<body>标签有自己的属性，包括网页的背景设置、文字属性设置和链接设置等。设置<body>标签内的属性，可控制整个页面的显示方式。

3.4.1 课堂案例——用页面主体元素构建一个网页

下面用页面主体元素构建一个网页，具体操作步骤如下。

01 创建网页文档，输入如下代码，如图3.1所示。

```
<!doctype html>
<html>
<head>
<meta charset=" utf-8 " >
<title>网页</title>
</head>
<body>
</body>
</html>
```

图3.1 创建网页文档

02 在<body>标签内输入bgcolor=" #4AA0DD "，设置背景颜色，如图3.2所示。

03 在文档中输入正文，如图3.3所示。

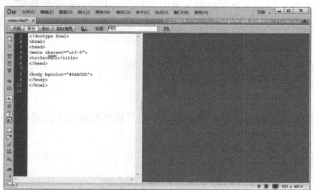

图3.2 设置背景颜色

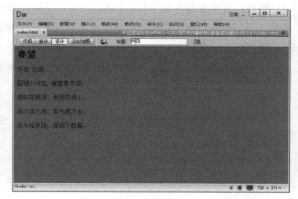

图3.3 输入正文

04 在<body>标签内输入text="#FF3333"，设置网页文本的颜色，如图3.4所示。

05 在<body>标签内输入topmargin="100" leftmargin="100"，设置网页边界属性，如图3.5所示。在浏览器中浏览网页，效果如图3.6所示。

图3.4 设置网页文本的颜色

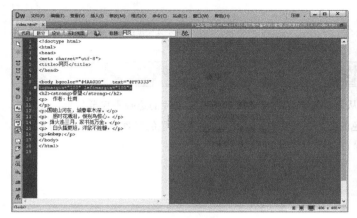

图3.5 设置网页边界属性

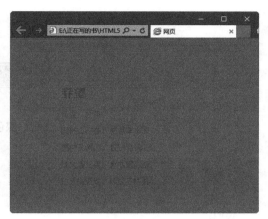

图3.6 网页效果

3.4.2 主体元素的背景属性

多数浏览器默认的背景颜色为白色或灰白色。在网页设计中，bgcolor属性用于设置整个网页的背景颜色。

语法：

```
<body bgcolor="背景颜色">
```

说明如下。

表示背景颜色有两种方法：

● 使用颜色名指定，如红色、绿色等分别用red、green等表示。

● 使用十六进制格式数据值#RRGGBB来表示，RR、GG、BB分别表示颜色中的红、绿、蓝三基色的两位十六进制数据。

举例：

```
<!doctype html>
<html>
<head>
<meta charset="utf-8">
<title>无标题文档</title>
</head>
<body bgcolor="#FFCC33">
</body>
</html>
```

加粗部分的代码bgcolor= " #FFCC33 " 功能是为页面设置背景颜色，在浏览器中预览，效果如图3.7所示。

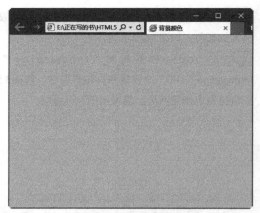

图3.7 为页面设置背景颜色

3.4.3 主体元素的背景图片属性

网页的背景图片可以衬托网页的显示效果，从而取得更好的视觉效果。背景图片的选择不仅要好看，还不能"喧宾夺主"，影响网页内容的表达。通常，深色的背景图片配浅色的文本，或者浅色的背景图片配深色的文本。background属性用来设置网页的背景图片。

语法：

```
<body background=" 图片的地址 " >
```

说明：

background属性值是背景图片的路径和文件名。图片的地址可以是相对地址，也可以是绝对地址。在默认情况下，图片会按照水平和垂直的方向不断重复出现，直到铺满整个页面，用户可以省略此属性。

举例：

```
<!doctype html>
<html>
<head>
<meta charset=" utf-8 " >
<title>背景图片</title>
</head>
<body background=" images/beijing.jpg " >
</body>
</html>
```

加粗部分的代码background= " images/ beijing.jpg " 功能为设置网页背景图片，在浏览器中预览可以看到背景图像，效果如图3.8所示。

图3.8 网页背景图片

3.4.4　主体元素的文本属性

text可以设置body体内所有文本的颜色。在没有对文字的颜色进行单独定义时，这一属性可以对页面中所有的文字起作用。

语法：

```
<body text=" 文字的颜色 ">
```

说明：

在该语法中，text的属性值与设置页面背景色的相同。

举例：

```
<!doctype html>
<html>
<head>
<meta charset=" utf-8 ">
<title>设置文本颜色</title>
</head>
<body   text=" #00aa00 ">
<p>立春过后，大地渐渐从沉睡中苏醒过来。冰雪融化，草木萌发，各种花次第开放。再过两个月，燕子翩然归来。不久，布谷鸟也来了。于是转入炎热的夏季，这是植物孕育果实的时期。到了秋天，果实成熟，植物的叶子渐渐变黄，在秋风中簌簌地落下来。北雁南飞，活跃在田间草际的昆虫也都销声匿迹。到处呈现一片衰草连天的景象，准备迎接风雪载途的寒冬。在地球上温带和亚热带区域里，年年如是，周而复始。</p>
</body>
</html>
```

加粗部分的代码text=" #00aa00 "功能为设置文字颜色，在浏览器中预览可以看到文档中文字的颜色，效果如图3.9所示。

图3.9　设置文字颜色

3.4.5　浏览器中的边界属性

有的读者在做页面的时候，无法将文字或表格靠在浏览器的最上边和最左边，这是怎么回事呢？因为一般用的制作软件或html默认topmargin和leftmargin的值均为12，如果把他们的值设为0，就会看到网页的元素与上边和左边距离为0像素了。

语法：

```
<body topmargin=" value " leftmargin=" value " rightmargin=" value " bottomnargin=" value ">
```

说明：

通过设置topmargin/leftmargin/rightmargin/bottomnargin不同的属性值来设置显示内容与浏览器边界的距离：在默认情况下，边距的值以像素为单位。

● topmargin，设置内容到顶端的距离。

47

● leftmargin，设置内容到左边的距离。

● rightmargin，设置内容到右边的距离。

● bottommargin，设置内容到底边的距离。

举例：

```
<!doctype html>
<html>
<head>
<meta charset=" utf-8 ">
<title>设置页面边距</title>
</head>
<body topmargin=" 80 " leftmargin=" 80 ">
<p>设置页面的上边距</p>
<p>设置页面的左边距</p>
</body>
</html>
```

加粗部分的代码topmargin=" 80 " 功能是设置上边距，leftmargin=" 80 " 功能是设置左边距，在浏览器中预览效果，可以看出定义的边距，效果如图3.10所示。

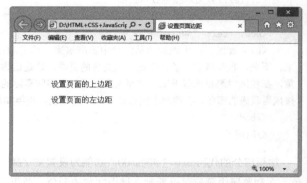

图3.10 设置的边距效果

3.5 脚本元素script

script元素用于定义客户端脚本，如JavaScript。JavaScript是一种客户端脚本语言，可以帮助HTML实现一些动态功能。JavaScript 常用于图片操作、表单验证及内容动态更新等内容。

语法：

```
<script type=" text/javascript " src=" xxxx. js "></script>
```

说明：

script元素的标签是成对出现的，以<script>开始标签，以</script>结束标签。script元素既可包含脚本语句，也可通过src属性指向外部脚本文件。type属性规定必须是脚本的类型。

在HTML文件中有三种方式加载JavaScript，分别是内部引用JavaScript、外部引用JavaScript、内联引用JavaScript。下面以示例演示如何使用内部引用JavaScript方法，将脚本插入HTML文档中。

举例：

```
<!doctype html>
<html>
<head>
<meta charset=" utf-8 ">
```

```
<title>script脚本元素</title>
</head>
<body>
<script type="text/javascript">
document.write("<h1>欢迎进入网页!</h1>")
</script>
</body>
</html>
```

加粗部分的代码功能是插入JavaScript脚本,用于显示"欢迎进入网页!"文字。在浏览器中预览,效果如图3.11所示。

图3.11 显示"欢迎进入网页!"文字

3.6 创建样式元素style

style元素用于为HTML文档定义样式信息。style元素可以规定在浏览器中如何呈现HTML文档。

语法:

```
<style type="text/css">
...
</style>
```

说明:

type属性是定义style元素的必需内容,值是 "text/css"。style元素位于head部分中。下面以示例演示如何使用style元素将样式信息添加到<head>部分,对HTML进行格式化。

举例:

```
<!doctype html>
<html>
<head>
<style type="text/css">
h1{color: red}
p {color: blue}
</style>
</head>
<body>
<h1>标题格式</h1>
<p>段落格式</p>
</body>
</html>
```

加粗部分的代码功能是对HTML进行格式化，用于显示文字的颜色。在浏览器中预览，效果如图3.12所示。

图3.12 对HTML进行格式化

课堂练习——创建基本的HTML文件

本章主要学习了HTML文件整体标签的使用，下面用所学的知识来创建最基本的HTML文件。

① 使用Dreamweaver CC打开网页文档，如图3.13所示。

② 打开拆分视图，在代码<title> </title>之间输入标题，如图3.14所示。

图3.13 打开网页文档

图3.14 设置网页的标题

③ 在<body>标签中输入bgcolor= " #FFB5B6 " ，用来定义网页的背景颜色，如图3.15所示。

④ 在图片的上面输入文字"七夕节快乐"，切换至设计视图，在"属性"面板中将文字大小设置为36，如图3.16所示。

图3.15 定义网页的背景颜色

图3.16 设置文字

⑤ 切换至拆分视图，在<body>标签中输入text= " #F91212 " ，设置整个文档的文本颜色，如图3.17所示。

⑥ 在<body>标签中输入topmargin="0" leftmargin="0"，将上边距设置为0像素，左边距设置为0像素，如图3.18所示。

图3.17　设置文字的颜色

图3.18　设置页面的边距

07 保存网页，在浏览器中预览，效果如图3.19所示。

图3.19　效果图

3.7　课后习题

1. 填空题

（1）一个完整的HTML文档必须包含3个部分：由html元素定义的_____，由head元素定义各项声明的_____和由body元素定义的_____。

（2）meta元素提供的信息不显示在页面中，一般用来定义页面信息的_____、_____、_____等。HTML页面中可以有多个meta元素。

（3）使用<meta/>标签可以使网页在经过一定时间后自动刷新，这可通过将http-equiv属性值设置为_____来实现。

（4）大多数浏览器默认的背景颜色为白色或灰白色。使用<body>标签的_____属性可以为整个网页定义背景颜色。

2. 操作题

创建最基本的HTML文件，最终效果如图3.20所示。

图3.20　基本的HTML文件效果图

资源获取验证码：92104

第4章

HTML5网页文本与段落信息组织

———— 内容摘要 ————

　　文字不仅是网页信息传达的一种常用方式，也是视觉传达最直接的方式，运用精心处理的文字材料可以制作出效果很好的版面。完成文本内容输入后就可以对其进行格式化操作，而设置文本样式是快速编辑文档的有效操作，让文字看上去编排有序、整齐美观。通过本章的学习，读者可以掌握如何在网页中合理使用文字，如何根据需要选择不同的文字效果。

———— 课堂学习目标 ————

- 掌握文本的基本标签
- 掌握文本的样式设置
- 掌握文本的分段与换行
- 掌握水平分隔线元素hr

4.1　文本的基本标签

　　<font>标签用来控制文字字体、字号和颜色等属性，它是HTML中最基本的标签之一，掌握好<font>标签的使用是控制网页文本的基础。

4.1.1　课堂案例——创建旅游景点介绍网页

　　下面利用文本的基本标签创建企业介绍网页，如图4.1所示。

图4.1　企业介绍网页

① 打开要添加文字的网页，如图4.2所示。

② 输入文字"公司介绍"，如图4.3所示。

图4.2　打开要添加文字的网页

图4.3　输入文字"公司介绍"

③ 对文字"公司介绍"应用h2标题样式，代码如下，如图4.4所示。

```
<h2 style="text-align: center">公司介绍
</h2>
```

图4.4　对文字"公司介绍"应用h2标题样式

④ 输入公司介绍正文内容，如图4.5所示。

⑤ 切换至拆分视图，设置正文字体为face=" 宋体 "，如图4.6所示。

图4.5 输入公司介绍正文内容　　　　　　　　　　　　　　　　图4.6 设置正文字体

⑥ 输入size=" +1 "，设置正文字号，如图4.7所示。

⑦ 输入color=" #FF6600 "，设置正文颜色，如图4.8所示。

图4.7 设置正文字号　　　　　　　　　　　　　　　　　　　图4.8 设置正文颜色

4.1.2 设置字体

　　face属性规定字体的名称，如中文字体的宋体、楷体、隶书等。可以通过字体的face属性设置不同的字体，浏览器中必须安装相应的字体后才可以正确显示字体效果，否则，有些特殊字体会被浏览器中的普通字体代替。

语法：

```
<font face=" 字体样式 ">…</font>
```

说明：

face属性用于定义该段文本所采用的字体名称。如果浏览器能够在当前系统中找到该字体，则使用该字体显示。

举例：

```
<!doctype html>
<html>
<head>
<meta charset=" utf-8 ">
<title>设置字体</title>
</head>
<body>
<p><font face=" 宋体 ">青山横北郭，白水绕东城。</font></p>
<p><font face=" 方正兰亭超细黑简体 ">此地一为别，孤蓬万里征。</font></p>
<p><font face=" 宋体 ">浮云游子意，落日故人情。</font></p>
<p><font face=" 宋体 ">挥手自兹去，萧萧班马鸣。</font></p>
```

```
</body>
</html>
```

加粗部分的代码功能是设置文字的字体，在浏览器中预览可以看到不同的字体，效果如图4.9所示。

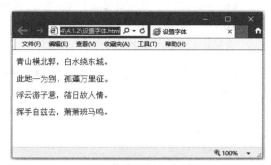

图4.9　设置文字的字体

4.1.3　设置字号

文字的大小也是字体的重要属性之一。除了使用标题文字标签设置固定大小的字号之外，HTML语言还在<font>标签中提供了size属性来设置文字的字号。

语法：

```
<font size="文字字号">…</font>
```

说明：

size属性用来设置文字大小，它有绝对和相对两种方式。size属性有1~7个等级，1级的文字最小，7级的文字最大，默认的文字大小是3级。

举例：

```
<!doctype html>
<html>
<head>
<meta charset="utf-8">
<title>设置字号</title>
</head>
<body>
<p><font size="2" face="宋体">青山横北郭，白水绕东城。</font></p>
<p><font size="3" face="宋体">此地一为别，孤蓬万里征。</font></p>
<p><font size="5" face="宋体">浮云游子意，落日故人情。</font></p>
<p><font size="7" face="宋体">挥手自兹去，萧萧班马鸣。</font></p>
</body>
</html>
```

加粗部分的代码功能是设置文字的字号，在浏览器中预览，效果如图4.10所示。

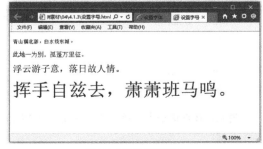

图4.10　设置文字的字号

4.1.4 设置颜色

在HTML页面中，还可以通过不同的颜色表现不同的文字效果，从而增加网页的色彩，吸引用户的注意。

语法：

```
<font color=" 文字颜色 ">…</font>
```

说明：它可以用浏览器识别的颜色名称和十六进制数值表示。

举例：

```
<!doctype html>
<html>
<head>
<meta charset=" utf-8 ">
<title>设置颜色</title>
</head>
<body>
<p><font size=" +5 " color=" #339900 ">日照香炉生紫烟，</font></p>
<p><font size=" +5 " color=" #FF3300 ">遥看瀑布挂前川。</font></p>
<p><font size=" +5 " color=" #FF00CC ">飞流直下三千尺，</font></p>
<p><font size=" +5 " color=" #0033CC ">疑是银河落九天。</font></p>
</body>
</html>
```

加粗部分的代码功能是设置文字的颜色，在浏览器中预览，可以看出文字颜色，效果如图4.11所示。

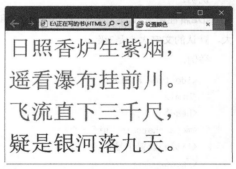

图4.11 设置文字颜色效果

4.1.5 使用<h1> ~ <h6>设置标题

HTML文档中包含有各种级别的标题，各种级别的标题由<h1>~<h6>标签来定义。其中，<h1>代表最高级别的标题，依次递减，<h6>级别最低。

语法：

```
<h1>…</h1>
<h2>…</h2>
<h3>…</h3>
<h4>…</h4>
<h5>…</h5>
<h6>…</h6>
```

说明：在该语法中，1级标题使用最大的字号表示，6级标题使用最小的字号表示。

举例：

```
<!doctype html>
<html>
<head>
<meta charset=" utf-8 ">
<title>设置标题</title>
</head>
<body>
<h1>1级标题</h1>
<h2>2级标题</h2>
<h3>3级标题</h3>
<h4>4级标题</h4>
<h5>5级标题</h5>
<h6>6级标题</h6>
</body>
</html>
```

加粗的代码功能是设置6种级别不同的标题，在浏览器中浏览效
果，如图4.12所示。

图4.12　设置标题标签

4.2 文本的分段与换行

在平面设计中，排版看似简单，其实非常考验设计师的基本功。在网页制作的过程中，将一段文字分成相应的
段落，不仅可以增加网页的美观性，还能使网页层次分明，让用户感觉不到拥挤。在网页中如果要把文字有条理地
显示出来，离不开段落标签的使用。HTML可以通过标签实现段落与换行的效果。

4.2.1 课堂案例——创建酒店网页

下面利用文本的分段与换行标签创建图4.13所示的酒
店网页，具体操作步骤如下。

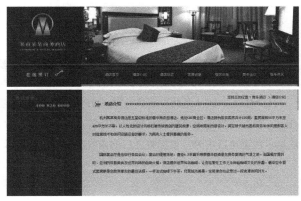

图4.13　酒店网页

01 打开网页文档，如图4.14所示。

02 输入一段酒店的介绍文字，如图4.15所示。

 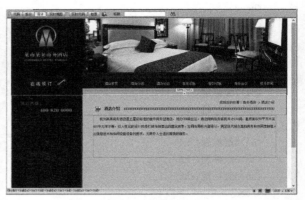

图4.14 打开网页文档　　　　　　　　　　　　　　　　图4.15 输入一段酒店介绍文字

03 切换至拆分视图中，在段落文字后输入"
"，设置换行，如图4.16所示。

04 输入另一段文字，如图4.17所示。

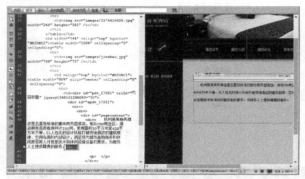 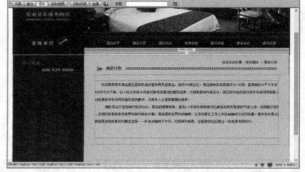

图4.16 输入
设置换行　　　　　　　　　　　　　　　图4.17 输入另一段文字

05 对第2段文字应用段落<p>，如图4.18所示。

图4.18 应用段落<p>

4.2.2 换行标签

　　HTML文本默认是将一行文字连续显示出来，如果想把一个句子后面的内容在下一行显示，就会用到换行标签
。换行标签是个单标签，也叫空标签，不包含任何内容。只要在HTML文件中的任何位置使用了
标签，当文件显示在浏览器中时，该标签之后的内容将在下一行显示。

　　语法：

```
<br>
```

　　说明：一个
标签代表一个换行，连续的多个
标签可以实现多次换行。

举例：

```
<!doctype html>
<html>
<head>
<meta charset=" utf-8 " >
<title>换行标签<br></title>
</head>
<body>
庆历四年春，滕子京谪守巴陵郡。越明年，政通人和，百废具兴。乃重修岳阳楼，增其旧制，刻唐贤今人诗赋于其
上。属予作文以记之。
<br>予观夫巴陵胜状，在洞庭一湖。衔远山，吞长江，浩浩汤汤，横无际涯；朝晖夕阴，气象万千。此则岳阳楼之
大观也，前人之述备矣。然则北通巫峡，南极潇湘，迁客骚人，多会于此，览物之情，得无异乎。
</body>
</html>
```

加粗部分的代码标签
功能为设置换行标签，在
浏览器中预览，可以看到换行的效果，如图4.19所示。

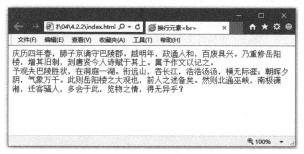

图4.19　换行效果

4.2.3　分段标签<p>

HTML标签中最常用、最简单的标签是段落标签，也就是<p></p>。说它常用，是因为几乎所有的文档文件都会
用到这个标签；说它简单，从外形上就可以看出来，它只有一个字母。虽说是简单，却非常重要，因为<p>标签是用
来区别段落用的。

语法：

```
<p>段落文字<p>
```

说明：分段标签可以没有结束标签</p>，每一个新的分段标签开始意味着上一个段落的结束。

举例：

```
<!doctype html>
<html>
<head>
<meta charset=" utf-8 " >
<title>给文本进行分段<p></title>
</head>
<body>
<p>庆历四年春，滕子京谪守巴陵郡。越明年，政通人和，百废具兴。乃重修岳阳楼，增其旧制，刻唐贤今人诗赋
于其上。属予作文以记之。</p>
<p>予观夫巴陵胜状，在洞庭一湖。衔远山，吞长江，浩浩汤汤，横无际涯；朝晖夕阴，气象万千。此则岳阳楼之
大观也，前人之述备矣。然则北通巫峡，南极潇湘，迁客骚人，多会于此，览物之情，得无异乎？ </p>
</body>
</html>
```

加粗部分的代码功能是为文本进行分段，<p>和</p>之间的文本是一个段落，效果如图4.20所示。

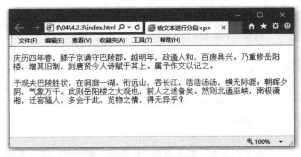

图4.20 段落效果

4.2.4 取消换行标签<nobr>

在网页中如果某一行的文本过长，浏览器会自动对这行文字进行换行处理。如果不想让文字换行，可以使用<nobr>标签来禁止自动换行。

语法：

```
<nobr>不换行文字</nobr>
```

说明：<nobr>标签用于使指定文本不换行。<nobr>标签之间的文本不会自动换行。

举例：

```
<!doctype html>
<html>
<head>
<meta charset=" utf-8 ">
<title>取消换行元素nobr</title>
</head>
<body>
<nobr>庆历四年春，滕子京谪守巴陵郡。越明年，政通人和，百废具兴。乃重修岳阳楼，增其旧制，刻唐贤今人诗赋于其上。属予作文以记之。
    予观夫巴陵胜状，在洞庭一湖。衔远山，吞长江，浩浩汤汤，横无际涯；朝晖夕阴，气象万千。此则岳阳楼之大观也，前人之述备矣。然则北通巫峡，南极潇湘，迁客骚人，多会于此，览物之情，得无异乎？</nobr>
</body>
</html>
```

加粗部分的代码功能为设置文本不换行，在浏览器中预览，可以看到<nobr>和</nobr>之间的文字一直往后排，没有换行，如图4.21所示。

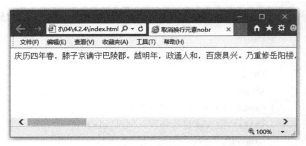

图4.21 不换行效果

4.3 文本的样式设置

在制作网页的过程中，常常需要设置文本的样式，使文本内容更加美观。下面设置文本样式的常用标签。

4.3.1 课堂案例——设置学校教育网页文本样式

下面利用文本样式制作学校教育网页，效果如图4.22所示。

图4.22 学校教育网页文本样式

01 打开网页文档，如图4.23所示。

02 切换至拆分视图，输入文字和代码，如图4.24所示。

```
(a–b)<sup>2</sup>=a<sup>2</sup>+b<sup>2</sup>-2ab
```

图4.23 打开网页文档

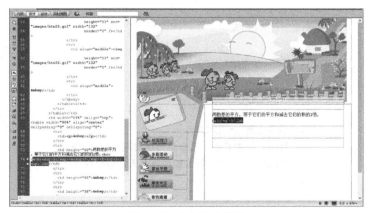

图4.24 输入文字并输入代码

03 输入文字"碳酸钡分子式$BaCO_3$"和代码，如图4.25所示。

```
碳酸钡分子式BaCO<sub>3</sub>
```

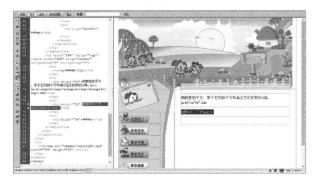

图4.25 输入文字"碳酸钡分子式$BaCO_3$"

04 加粗文字"碳酸钡分子式",代码如下,如图4.26
所示。

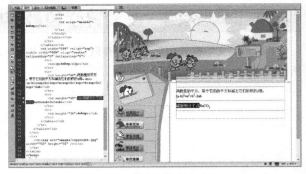

```
<b>碳酸钡分子式</b>
```

图4.26 加粗文字"碳酸钡分子式"

4.3.2 斜体显示标签<i>、<em>和<cite>

<i>、<em>和<cite>是HTML中格式化斜体文本的最基本标签。在<i>和</i>、<em>和</em>、<cite>和</cite>之间的文字,在浏览器中都会以斜体显示。

语法:

```
<i>斜体文字</i>
<em>斜体文字</em>
<cite>斜体文字</cite>
```

说明:斜体的效果可以通过<i>标签、<em>标签和<cite>标签来实现。一般在一篇以正体显示的文档中,用斜体文字起到醒目、强调或者区别的作用。

举例:

```
<!doctype html>
<html>
<head>
<meta charset="utf-8">
<title>设置斜体文字</title>
</head>
<body>
<h2><i>望庐山瀑布</i></h2>
<p><em>日照香炉生紫烟,遥看瀑布挂前川。</em><br>
<cite>飞流直下三千尺,疑是银河落九天。</cite></p>
</body>
</html>
```

加粗部分的代码功能为设置斜体文字,在浏览器中
预览,效果如图4.27所示。

图4.27 设置斜体

4.3.3 加粗显示标签\<strong>和\<b>

\<b>和\<strong>是HTML中格式化粗体文本的最基本标签。\<b>和\</b>、\<strong>和\</strong>之间的文字，在浏览器中都会以粗体显示。这两个标签的首尾部分都是必须存在的，如果没有结尾标签，则浏览器会认为从\<b>或\<strong>标签后的所有文字都是粗体。

语法：

```
<b>加粗的文字</b>
<strong>加粗的文字</strong>
```

说明：在该语法中，粗体效果可以通过\<b>标签和\<strong>标签来实现。\<b>和\<strong>是行内标签，它可以插入到一段文本的任何部分。

举例：

```
<!doctype html>
<html>
<head>
<meta charset="utf-8">
<title>设置加粗文字</title>
</head>
<body>
<h2><b>望庐山瀑布</b></h2>
<p><strong>日照香炉生紫烟，遥看瀑布挂前川。<br>
飞流直下三千尺，疑是银河落九天。</strong></p>
</body>
</html>
```

加粗部分的代码功能为设置文字的加粗，在浏览器中预览，效果如图4.28所示。

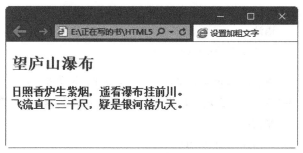

图4.28 设置文字的加粗效果

4.3.4 下标标签\<sub>和上标标签\<sup>

上标文本标签\<sup>、下标文本标签\<sub>都是HTML的标准标签，尽管使用的场合比较少，但是在数学等式、科学符号和化学公式中经常会用到。

语法：

```
<sup>上标内容</sup>
<sub>下标内容</sub>
```

说明：在\^{…\}中文本的高度为前后文本流定义高度的一半，\<sup>标签内文本的下端和前面文字的上端对齐，但是与当前文本流中文字的字体和字号是一样的。

在_{…\}中文本的高度为前后文本流定义高度的一半，\<sub>标签内文本的下端和前面文字的下端对齐，但是与当前文本流中文字的字体和字号都是一样的。

举例：

```
<!doctype html>
<html>
<head>
<meta charset="utf-8">
<title>设置上标与下标</title>
</head>
<body>
<p>a<sup>2</sup>+b<sup>2</sup>=(a+b)<sup>2</sup>-2ab
</p>
<p>硫酸分子式：H<sub>2</sub>SO<sub>4</sub></p>
</body>
</html>
```

在代码中加粗的<sup>标签功能为设置上标，<sub>标签功能为设置下标，在浏览器中预览，效果如图4.29所示。

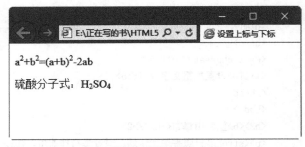

图4.29 设置上下标

4.3.5 放大字号标签<big>

<big>标签可以很容易地放大文本。

语法：

```
<big>文字</big>
```

说明：<big>标签呈现大号字体效果。浏览器在显示包含在<big>…</big>标签之间的文字时，其字号比周围的文字要大一号。但是，如果文字已经是最大字号，<big>标签将不起作用。

举例：

```
<!doctype html>
<html>
<head>
<meta charset="utf-8">
<title>放大字号</title>
</head>
<body>
泊船瓜洲<br>
<big>京口瓜洲一水间，钟山只隔数重山。</big><br>
春风又绿江南岸，明月何时照我还。
</body>
</html>
```

加粗部分的代码功能为设置放大文本字号，在浏览器中预览，效果如图4.30所示。

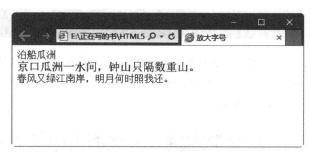

图4.30　设置放大文本字号

4.3.6　缩小字号标签<small>

<small>标签呈现小号字体效果。HTML中的<small>标签可以使文本的字号变小一号。在HTML5中该标签被重新定义，可以用来表示注释或需要遵循的规则。

语法：

```
<small>文字</small>
```

说明：<small>标签用来缩小文本字号。如果<small>标签内的文字已经是文字模型支持的最小字号，那么<small>标签将不起作用。

举例：

```
<!doctype html>
<html>
<head>
<meta charset="utf-8">
<title>缩小字号</title>
</head>
<body>
<p><h2>泊船瓜洲</h2><br>
<small>王安石</small></p>
<p>
  京口瓜洲一水间，钟山只隔数重山。<br>
  春风又绿江南岸，明月何时照我还。</p>
</body>
</html>
```

加粗部分的代码功能为设置缩小文本字号，在浏览器中预览，效果如图4.31所示。

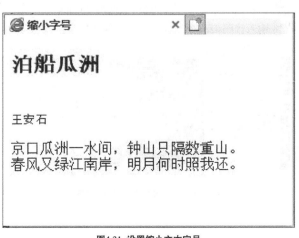

图4.31　设置缩小文本字号

4.4 水平分隔线标签<hr>

　　水平线对于制作网页人员来说一定不陌生，它在网页的版式设计中作用非常大，可以用来分隔文本和对象。在网页中常常看到一些水平线将段落与段落隔开，这些水平线可以通过插入图片来实现，也可以通过标签来完成，且使用标签更简单。

4.4.1 课堂案例——在网页中插入水平线

　　下面在网页中插入水平线，效果如图4.32所示。

图4.32 插入水平线

① 打开网页文档，如图4.33所示。

② 切换至拆分视图，在网页正文前插入水平线代码<hr width=" 80% " >，并设置宽度，如图4.34所示。

图4.33 打开网页文档

图4.34 插入水平线代码

③ 输入代码color=" #669933 " align=" center "，设置水平线的颜色和对齐方式，如图4.35所示。

④ 输入代码size=" 2 "，设置水平线的高度，如图4.36所示。

图4.35 设置水平线的颜色和对齐方式

图4.36 设置水平线的高度

4.4.2　高度属性size和宽度属性width

默认情况下，水平线的宽度为100%，可以使用width属性调整水平线的宽度。size属性用于调整水平线的高度。

语法：

```
<hr width="宽度">
<hr size="高度">
```

说明：在该语法中，水平线的宽度值可以是确定的像素值，也可以是窗口的百分比。水平线的高度只能使用绝对的像素值来定义。

举例：

```
<!doctype html>
<html>
<head>
<meta charset="utf-8">
<title>无标题文档</title>
</head>
<body>
<span style="text-align: center"><h1>春夜喜雨</h1></span>
<hr size="3" width="1000">
<p align="center">
<span style="font-size: 16px">
好雨知时节，当春乃发生。<br>
随风潜入夜，润物细无声。<br>
野径云俱黑，江船火独明。<br>
晓看红湿处，花重锦官城。</span><br>
</p>
</body>
</html>
```

加粗部分的代码功能为设置水平线的宽度和高度，在浏览器中预览，可以看到将宽度设置为1000像素，高度设置为3像素的水平线的效果，如图4.37所示。

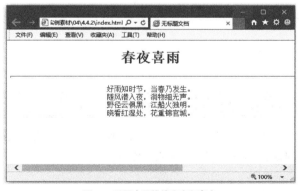

图4.37　设置水平线的宽度和高度

4.4.3　阴影属性noshade

水平线默认是空心立体的效果，可以将其设置为实心且不带阴影的水平线。

语法：

```
<hr noshade>
```

说明：noshade是布尔值的属性，它没有属性值，如果在<hr>标签中写上了这个属性，则浏览器不会显示立体形状的水平线，反之则无须设置该属性，浏览器默认会显示一条立体形状且有阴影的水平线。

举例：

```
<!doctype html>
<html>
<head>
<meta charset="utf-8">
<title>不带阴影的水平线</title>
</head>
<body>
<span style="text-align: center"><h2>春夜喜雨</h2></span>
<hr size="3" width="800" noshade>
<p align="center"><span style="font-size: 16px;">
好雨知时节，当春乃发生。<br>
随风潜入夜，润物细无声。<br>
野径云俱黑，江船火独明。<br>
晓看红湿处，花重锦官城。</span></p>
</body>
</html>
```

加粗部分的代码功能为设置无阴影的水平线，在浏览器中预览，可以看到水平线没有阴影效果，如图4.38所示。

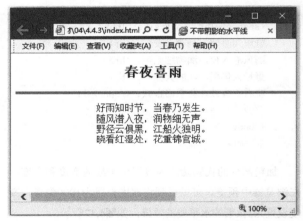

图4.38 设置无阴影的水平线

4.4.4 颜色属性color

在网页设计过程中，如果只用默认水平线，会出现插入的水平线的颜色与整个网页颜色不协调的情况。设置不同颜色的水平线可以为网页增色不少。

语法：

```
<hr color="颜色">
```

说明：颜色代码是十六进制的数值或者颜色的英文名称。

举例：

```
<!doctype html>
<html>
<head>
<meta charset="utf-8">
<title>设置水平线颜色</title>
```

```
</head>
<body>
<span style="text-align: center"><h2>春夜喜雨</h2>
</span>
<hr size="3" width="1000"  color="#FF0000">
<p align="center"><span style="font-size: 16px;">
好雨知时节，当春乃发生。<br>
随风潜入夜，润物细无声。<br>
野径云俱黑，江船火独明。<br>
晓看红湿处，花重锦官城。</span></p>
</body>
</html>
```

加粗部分的代码功能为设置水平线的颜色，在浏览器中预览，可以看到水平线的颜色效果，如图4.39所示。

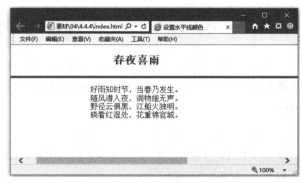

图4.39 设置水平线的颜色

4.4.5 对齐属性align

默认情况下，水平线是居中对齐的，如果想让水平线左对齐或右对齐，就要设置对齐方式。

语法：

```
<hr align="对齐方式">
```

说明：在该语法中对齐方式有3种，包括center、left和right，其中center的效果与默认的效果相同。

举例：

```
<!doctype html>
<html>
<head>
<meta charset="utf-8">
<title>设置水平线对齐</title>
</head>
<body>
<span style="text-align: center"><h2>春夜喜雨</h2>
</span>
<hr size="3" width="1000"  color="#FF0000">
<p><span style="font-size: 16px;">好雨知时节，当春乃发生。</span></p>
<hr size="3" width="800"  align="left"  color="#CC3300">
<p><span style="font-size: 16px;">随风潜入夜，润物细无声。</span></p>
<hr size="3" width="800"  align="center"  color="#FF9900">
<p><span style="font-size: 16px;">野径云俱黑，江船火独明。</span></p>
<hr size="3" width="800"  align="right"  color="#339900">
```

```
<p><span style="font-size: 16px;">晓看红湿处，花重锦官城。</span></p>
</body>
</html>
```

加粗部分的代码功能为设置水平线的对齐方式，在浏览器中预览，可以看到不同的水平线对齐方式效果，如图4.40所示。

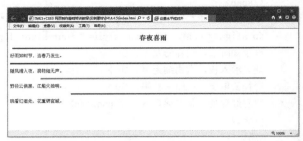

图4.40 设置水平线的对齐方式

4.4.6 课堂练习——设置网页文本及段落格式

文字是人类语言最基本的表达方式，文本的控制与布局在网页设计中占了很大比重，文本与段落可以说是网页最重要的组成部分。本章通过大量示例详细讲述了文本与段落标签的使用，下面通过实例练习网页文本与段落的设置方法。

01 使用Dreamweaver打开网页文档，如图4.41所示。

02 切换到代码视图，在文字的前面输入代码<font color="#FF0000" face="宋体"size="4">，设置文字的颜色、字体和大小，如图4.42所示。

图4.41 打开网页文档

图4.42 输入代码

03 在文字的最后面输入代码</font>，如图4.43所示。

04 在文本中首末分别输入<p>和</p>，即可将文字分成相应的段落。如图4.44所示。

图4.43 输入代码

图4.44 输入段落标签

05 在第2段文字的前面输入代码<p align= " center " >，设置文本的段落为居中对齐，如图4.45所示。

06 在文字中相应的位置输入 ，设置空格，如图4.46所示。

图4.45 输入段落的对齐标签

图4.46 输入空格标签

07 保存网页，在浏览器中预览，效果如图4.47所示。

图4.47 设置页面及文本段落的效果

4.5 课后习题

1. 填空题

（1）_____标签用来控制字体、字号和颜色等属性，它是HTML中最基本的标签之一。

（2）_____属性用于定义该段文本所采用的字体名称。如果浏览器能够在当前系统中找到该字体，则使用该字体显示文本。

（3）HTML文档中包含有各种级别的标题，各种级别的标题由_____到_____标签来定义。

（4）_____和_____是HTML中格式化粗体文本的最基本元素。

2. 操作题

设置页面文本及段落的示例，如图4.48所示。

图4.48 设置页面文本及段落的效果

第5章

使用CSS设计表单和表格样式

内容摘要

表单是网页的重要组成部分，它是网站与用户互动的窗口。然而，表单中固定的说明文字、输入框、提交按钮等元素使表单设计略显乏味，难有创新。但是，优秀的网页设计师可以利用CSS 样式让表单设计耳目一新。随着应用CSS网页布局构建网页及Web标准的广泛普及与发展，表格渐渐被遗忘，但是表格还是有它优秀的一面，用表格处理数据的确可以省不少麻烦。在制作网页时，使用表格可以更清晰的排列数据。

课堂学习目标

- 掌握表单标签<form>的用法
- 掌握菜单和列表的用法
- 掌握插入表单对象的方法

5.1 表单标签<form>

在网页中<form>···</form>标签用来创建表单，即定义表单的开始和结束位置，位于标签之间的一切内容都属于表单。在表单的<form>标签中，可以设置表单的基本属性，包括表单的名称、处理程序和传送方法等。

5.1.1 程序提交action

action 用于指定处理表单数据的地址。

语法：

```
<form action="表单的处理程序">
...
</form>
```

说明：表单的处理程序是提交表单的地址，即表单中收集到的资料将要传递到的程序地址。这一地址可以是绝对地址，也可以是相对地址，还可以是一些其他形式的地址。

举例：

```
<!doctype html>
<html>
<head>
<meta charset="utf-8">
<title>程序提交</title>
</head>
<body>
在线订购提交表单
<form action="mailto:ju*****an@163.com">
</form>
</body>
</html>
```

加粗部分的代码功能是设置程序地址。

5.1.2 表单名称name

name 用于给表单命名，这一属性不是表单的必需属性，但是为了防止表单提交到后台处理程序时出现混乱，一般需要给表单命名。

语法：

```
<form name="表单名称">
...
</form>
```

说明：表单名称中不能包含特殊字符和空格。

举例：

```
<!doctype html>
<html>
<head>
<meta charset="utf-8">
<title>表单名称</title>
```

```
</head>
<body>
在线订购提交表单
<form action="mailto:juan*****uan@163.com" name="form1">
</form>
</body>
</html>
```

加粗部分的代码功能是设置表单名称。name="form1"是将表单命名为form1。

5.1.3 传送方法method

表单的method属性用于指定数据提交到服务器时的HTTP提交方法，可取值为get或post。

语法：

```
<form method="传送方法">
...
</form>
```

说明：传送方法的值只有两种，即get和post。

举例：

```
<!doctype html>
<html>
<head>
<meta charset="utf-8">
<title>传送方法</title>
</head>
<body>
在线订购提交表单
<form action="mailto:jiudian@163.com" method="post" name="form1">
</form>
</body>
</html>
```

加粗部分的代码功能是设置传送方法。

5.1.4 编码方式enctype

表单中的enctype用于设置提交表单信息的编码方式。

语法：

```
<form enctype="编码方式">
...
</form>
```

说明：enctype属性用于为表单定义MIME编码方式。

举例：

```
<!doctype html>
<html>
<head>
<meta charset="utf-8">
```

```
<title>编码方式</title>
</head>
<body>
在线订购提交表单
<form action="mailto:jiud*******ian@.com" method="post"
enctype="application/x-www-form-urlencoded" name="form1">
</form>
</body>
</html>
```

加粗的代码用于设置编码方式。

 提示

enctype属性默认是application/x-www-form-urlencoded，这是所有网页的表单均可接受的类型。

5.1.5 目标显示方式target

target 用来指定目标窗口的打开方式，表单的目标窗口往往用来显示表单的返回信息。

语法：

```
<form target="目标窗口的打开方式">
...
</form>
```

说明：目标窗口的打开方式有_blank、_parent、_self 和_top 4 种。其中_blank将链接的文件载入一个未命名的新浏览器窗口中；_parent将链接的文件载入含有该链接框架的父框架集或父窗口中；_self将链接的文件载入该链接所在的同一框架或窗口中；_top在整个浏览器窗口中载入所链接的文件，因而会删除所有框架。

举例：

```
<!doctype html>
<html>
<head>
<meta charset="utf-8">
<title>目标显示方式</title>
</head>
<body>
在线订购提交表单
<form action="mailto:jiudian@.com" method="post"
enctype="application/x-www-form-urlencoded" name="form1" target="_blank">
</form>
</body>
</html>
```

加粗部分的代码用于设置目标显示方式。

5.2 插入表单对象

网页中的表单有许多不同的表单元素组成。这些表单元素包括文字字段、单选按钮、复选框、菜单和列表等。

5.2.1 课堂案例——在网页中插入表单对象

下面以一个完整的表单提交网页案例，对表单中各种功能控件的添加方法加以说明，使读者能够更深刻地了解到它在实际中的应用，具体操作步骤如下。

01 使用Dreamweaver CC打开网页文档，如图5.1所示。

02 打开拆分视图，在\<body\>和\</body\>标签之间相应的位置输入代码\<form\>\</form\>，插入表单，如图5.2所示。

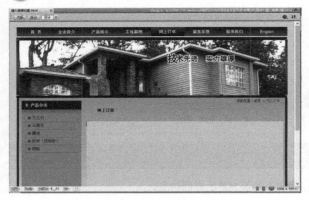

图5.1 打开网页文档　　　　　　　　　　　　　　　　图5.2 输入代码

03 在\<form\>标签中输入代码action= " \<formaction= mailto:sun163@.com " ，将表单中收集到的内容以电子邮件的形式发送出去，如图5.3所示。

04 在\<form\>标签中输入代码method="post" id="form1"，将表单的传送方式设置为post，名称设置为form1，如图5.4所示。

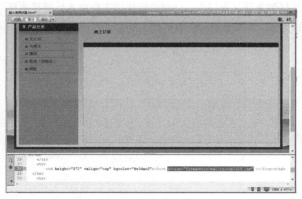

图5.3 输入发送方式代码

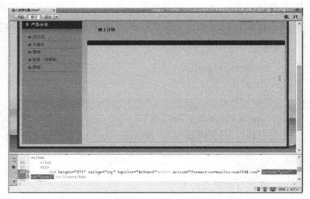

图5.4 输入传送方式和名称代码

05 在\<form\>和\</form\>标签之间输入代码\<table\>…\</table\>，插入7行2列的表格，将表格宽度设置为97%，填充设置为5，如图5.5所示。

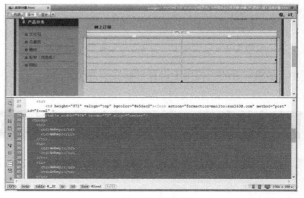

图5.5 输入表格代码

⑥ 将光标置于表格的第1行第1列单元格中，在<table>和</table>标签之间相应的位置输入代码<td width=" 18% ">姓名：</td>，如图5.6所示。

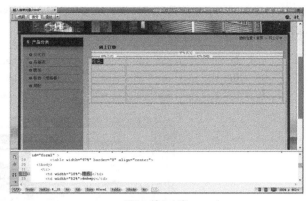

图5.6 输入文字

⑦ 将光标置于表格的第1行第2列单元格中，输入文本域代码<input name=" textfield " type=" text " id=" textfield " size=" 30 " maxlength=" 25 ">，插入文本域，如图5.7所示。

⑧ 同样，在表格的第2行、第3行第1列单元格中输入相应的文字，在第2列单元格中插入文本域代码，如图5.8所示。

```
<tr><td>身份证号码：</td>
<td><input name=" textfield2 " type=" text " id=" textfield2 " size=" 35 "
maxlength=" 25 "></td>
</tr>
<tr><td>E-mail：</td>
<td><input name=" textfield3 " type=" text " id=" textfield3 " size=" 45 " maxlength=" 25 "></td>
```

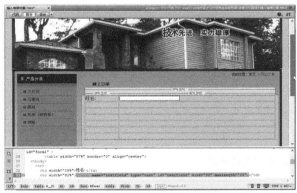

图5.7 输入文本域代码

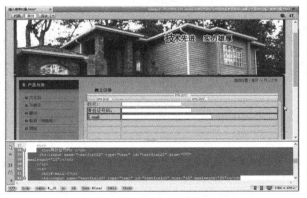

图5.8 输入其他的文本域代码

⑨ 将光标置于表格的第4行第1列单元格中，输入文字<td>房款方式：</td>，在第2列单元格中输入单选按钮代码，如图5.9所示。

```
<td>一次性交清<input type=" radio " name=
" radio " id=" radio " value=" radio ">按揭贷款
<input type=" radio " name=" radio " id=" radio2
" value=" radio "></td>
```

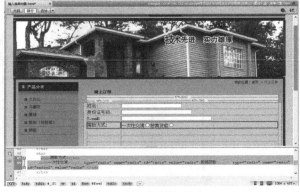

图5.9 输入单选按钮代码

⑩ 将光标置于表格的第5行第1列单元格中，输入文字<td>您的购房预算：</td>，在第2列单元格中输入复选框代码，如图5.10所示。

```
<td>20～30万元<input id=" checkbox " type=" checkbox " name=" checkbox ">
30～40万元<input id=" checkbox2 " type=" checkbox " name=" checkbox2 ">
40万元以上<input id=" checkbox3 " type=" checkbox " name=" checkbox3 "></td>
```

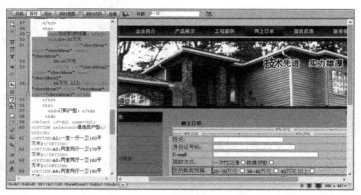

图5.10 输入复选框代码

⑪ 将光标置于表格的第6行第1列单元格中，输入文字<td>订购户型：</td>，在第2列单元格中输入以下列表/菜单代码，如图5.11所示。

```
<td>
<select id=ddl name=ddl>
<option selected>请选择户型</option>
<option>A1:一室一厅一卫(60平方米)</option>
<option>A2:两室两厅一卫(70平方米)</option>
<option>A5:两室两厅一卫(80平方米)</option>
<option>A6:两室两厅一卫(90平方米)</option>
<option>A7/8:三室两厅两卫(100平方米)</option>
</select>
</td>
```

⑫ 将光标置于表格的第7行第2列单元格中，输入图像域代码，如图5.12所示。

```
<td><inputtype=" image " name=" imageField " id=" imageField " src="../zxdf_m04.gif "></td>
```

图5.11 输入列表/菜单代码

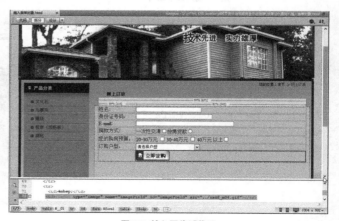

图5.12 输入图像域代码

⑬ 保存文档，按F12键预览表单效果，如图5.13所示。

图5.13 表单效果

5.2.2 插入文字字段text

网页中最常见的表单域就是文本域，用户可以在文本字段内输入字符或者单行文本。

语法：

```
<input name="控件名称" type="text" value="文字字段的默认取值" size="控件的长度" maxlength=
"最长字符数" />
```

说明：在该语法中包括很多参数，它们的含义和取值方法不同。

举例：

```
<!doctype html>
<html>
<head>
<meta charset="utf-8">
<title>文字字段</title>
</head>
<body>
<form name="form1" method="post" action="index.htm">
姓名：<input name="name" type="text" size="15" />
<br />
年龄：<input name="age" type="text" value="10" size="10" maxlength="2" />
</form>
</body>
</html>
```

加粗部分的代码功能是设置文本字段，在浏览器中可以在文本字段中输入文字，如图5.14所示。

提示

如果文本域的长度加入了size属性，就可以设置size属性的大小，最小值为1，最大值取决于浏览器的宽度。

图5.14 文本字段效果

5.2.3 插入密码域password

密码域是一种特殊的文本字段，它的各属性与文本字段是相同的。但密码域输入的字符全部以"*"显示。

语法：

```
<input name="控件名称" type="password" value="文字字段的默认取值" size="控件的长度" maxlength="最长字符数" />
```

说明：在该语法中包括很多参数，如表5-1所示。

表5-1 text文字字段的参数表

参数类型	含义
type	用来指定插入表单元素种类
name	密码域的名称，用于和页面中其他控件加以区别。名称由英文字母、数字及下画线组成，字母有大小写之分
value	用来定义密码域的默认值，以"*"显示
size	确定文本框在页面中显示的长度，以字符为单位
maxlength	用来设置密码域的文本框中最多可以输入的文字数

举例：

```
<!doctype html>
<html>
<head>
<meta charset="utf-8">
<title>密码域</title>
</head>
<body>
<form name="form1" method="post" action="index.htm">
用户名：<input name="username" type="text" size="15" />
<br />
密码：
<input name="password" type="password" value="abcdef" size="10" maxlength="6" />
</form>
</body>
</html>
```

加粗部分的代码功能为设置密码域，在浏览器中可以看到密码域的效果，如图5.15所示。

图5.15 密码域效果

5.2.4 插入单选按钮radio

单选按钮是小圆按钮，它可以使用户从选择列表中选择一个单项。

语法：

```
<input name="单选按钮名称" type="radio" value="单选按钮的取值" checked/>
```

说明：在单选按钮中必须设置value的值，对于选项中的所有单选按钮来说，往往要设置相同的名称，这样在传递时才能更好地对某一个选项内容进行判断。在一个单选按钮组中只有一个单选按钮可以设置为checked。

举例：

```
<!doctype html>
<html>
<head>
<meta charset="utf-8">
<title>单选按钮</title>
</head>
<body>
<form action="index.htm" method="post" name="form1">
性别：<input name="radiobutton" type="radio" value="radiobutton"
checked="checked" />男
<input type="radio" name="radiobutton" value="radiobutton" />女
</form>
</body>
</html>
```

加粗部分的代码功能为设置单选按钮，在浏览器中显示的效果如图5.16所示。

图5.16 单选按钮效果

5.2.5 插入复选框checkbox

复选框可以让用户从选项列表中选择多个选项。

语法：

```
<input name="复选框名称" type="checkbox" value="复选框的取值" checked/>
```

说明：checked参数表示该项在默认情况下已经被选中，一个选项中可以选中多个复选框。

举例：

```
<!doctype html>
<html>
<head>
<meta charset="utf-8">
```

```
<title>复选框</title>
</head>
<body>
<form action=" index.htm " method=" post " name=" form1 ">
个人爱好：
<input name=" checkbox " type=" checkbox " value=" checkbox " checked=" checked " />
划船
<input name=" checkbox1 " type=" checkbox " value=" checkbox " />打篮球
<input name=" checkbox2 " type=" checkbox " value=" checkbox " />游泳
<input name=" checkbox3 " type=" checkbox " value=" checkbox " />上网
</form>
</body>
</html>
```

加粗部分的代码功能为设置复选框，在浏览器中显示的效果如图5.17所示。

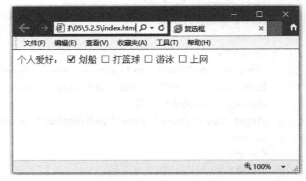

图5.17 复选框效果

5.2.6 插入普通按钮button

在网页中，按钮也很常见，在提交页面、清除内容时常常用到。一般情况下，普通按钮要配合脚本来处理表单。

语法：

```
<input type=" submit " name=" 按钮名称 " value=" 按钮的取值 " onclick=" 处理程序 " />
```

说明：value的取值就是显示在按钮上的文字，在button中可以添加onclick 来实现一些特殊的功能。

举例：

```
<!doctype html>
<html>
<head>
<meta charset=" utf-8 ">
<title>普通按钮</title>
</head>
<body>
<form action=" index.htm " method=" post " name=" form1 ">
单击按钮关闭窗口。
<br />
<input type=" submit " name=" submit " value=" 关闭窗口 " onclick=" window.close() " />
</form>
</body>
</html>
```

加粗部分的代码功能为设置普通按钮，在浏览器中
单击该按钮的效果如图5.18所示。

图5.18 单击普通按钮的效果

5.2.7 插入提交按钮submit

提交按钮是一种特殊的按钮，单击该类按钮可以提交表单内容。

语法：

```
<input type="submit" name="按钮名称" value="按钮的取值" />
```

说明：value用来设置显示在按钮上的文字。

举例：

```
<!doctype html>
<html>
<head>
<meta charset="utf-8">
<title>提交按钮</title>
</head>
<body>
<form action="index.htm" method="post" name="form1">
姓名：<input name="textfield" type="text" size="15" /><br />
年龄：<input name="textfield2" type="text" size="10" /><br />
性别：<input name="radiobutton" type="radio" value="radiobutton"
 checked="checked" />男
<input type="radio" name="radiobutton" value="radiobutton" />女<br />
<input type="submit" name="submit" value="提交" />
</form>
</body>
</html>
```

加粗部分的代码功能为设置提交按钮，在浏览器中
的浏览，效果如图5.19所示。

图5.19 提交按钮效果

5.2.8 重置按钮reset

重置按钮用来清除用户在页面中输入的信息。

语法：

```
<input type="reset" name="按钮名称" value="按钮的取值" />
```

说明：reset用来重置显示在按钮上的文字。

举例：

```
<!doctype html>
<html>
<head>
<meta charset="utf-8">
<title>重置按钮</title>
</head>
<body>
<form action="index.htm" method="post" name="form1">
姓名：<input name="textfield" type="text" size="15" /><br />
年龄：<input name="textfield2" type="text" size="10" /><br />
性别：<input name="radiobutton" type="radio" value="radiobutton"
checked="checked" />男
<input type="radio" name="radiobutton" value="radiobutton" />女<br />
<input type="submit" name="submit" value="提交" />
<input type="reset" name="submit2" value="重置" />
</form>
</body>
</html>
```

加粗部分的代码功能为设置重置按钮，在浏览器中浏览，效果如图5.20所示。

图5.20 重置按钮效果

5.2.9 插入图像域image

在网页中，还可以用一幅图像作为按钮，这样做可以创建任何外观的按钮。

语法：

```
<input name="图像域名称" type="image" src="图像路径" />
```

说明：在语法中，图像的路径可以是绝对的，也可以是相对的。

84

举例：

```
<!doctype html>
<html>
<head>
<meta charset="utf-8">
<title>图像域</title>
</head>
<body>
<form name="form1" method="post" action="index.htm">
您觉得我们的网站哪方面需要改进？<br />
<input type="radio" checked="checked" value="1"/>网站美工<br />
<input type="radio" value="2"/>网站信息<br />
<input type="radio" value="3"/>网站导航<br />
<input type="radio" value="4"/>网站功能<br />
<input name="image" type="image" src="tp.gif" />
<input name="image" type="image" src="ck.gif" />
</form>
</body>
</html>
```

加粗部分的代码功能为设置图像域，在浏览器中的
浏览，效果如图5.21所示。

图5.21 图像域效果

5.2.10 插入隐藏域hidden

有时需要传送一些数据，但这些数据对用户是不可见的，这时可以通过隐藏域来传送数据。隐藏域包含需要提交处理的数据，但这些数据在浏览器中显示。

语法：

```
<input name="隐藏域名称" type="hidden" value="隐藏域的取值" />
```

说明：将type属性设置为hidden，在表单中按需求使用隐藏域。

举例：

```
<!doctype html>
<html>
<head>
<meta charset="utf-8">
<title>隐藏域</title>
</head>
<body>
<form name="form1" method="post" action="index.htm">
```

```
您觉得我们的网站哪方面需要改进？<br />
<input type="radio" checked="checked" value="1" />网站美工<br />
<input type="radio" value="2" />网站信息<br />
<input type="radio" value="3" />网站导航 <br />
<input type="radio" value="4" />网站功能
<input name="hidden" type="hidden" value="1" /><br/>
<input name="image" type="image" src="tp.gif" />
<input name="image" type="image" src="ck.gif" />
</form>
</body>
</html>
```

加粗部分的代码功能为设置隐藏域，在浏览器中浏览，隐藏域没有显示在浏览器中，效果如图5.22所示。

图5.22 隐藏域效果

5.2.11 插入文件域file

文件域在上传文件时常常用到，它用于查找硬盘中的文件路径，然后通过表单将选中的文件上传。

语法：

```
<input name="文件域名称" type="file" size="控件的长度" maxlength="最长字符数" />
```

举例：

```
<!doctype html>
<html>
<head>
<meta charset="utf-8">
<title>文件域</title>
</head>
<body>
<form action="index.htm" method="post" enctype="multipart/form-data"
name="form1">上传照片
<input name="file" type="file" size="30" maxlength="32" />
</form>
</body>
</html>
```

加粗部分的代码功能为设置文件域，在浏览器中浏览，效果如图5.23所示。

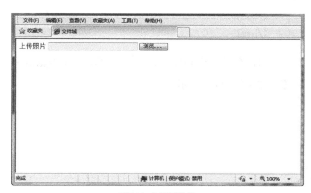

图5.23 文件域效果

5.3 菜单和列表

菜单和列表主要用于在给定答案中选择一种的情况，这类选择答案往往比较多。菜单和列表主要是为了节省页面的空间，它们都是通过<select>、<option>标签来实现的。

5.3.1 插入下拉菜单

下拉菜单是节省页面空间的一种选择方式，因为在正常状态下，网页只显示一个选项，单击下拉按钮打开菜单后，才会看到全部选项。

语法：

```
<select name=" 下拉菜单名称 ">
<option value=" 选项值 " selected>选项显示内容</option>
...
</select>
```

说明：在语法中，选项值是提交表单时的值，而选项显示的内容才是真正在页面中显示的选项。selected 表示该选项在默认情况下是选中的，一个下拉菜单中只能有一个默认选项。

举例：

```
<!doctype html>
<html>
<head>
<meta charset=" utf-8 ">
<title>下拉菜单</title>
</head>
<body>
<form action=" index.htm " method=" post " name=" form1 ">地区：
<select name=" select ">
<option value=" 北京 " selected=" selected ">北京</option>
<option value=" 南京 ">南京</option>
<option value=" 天津 ">天津</option>
<option value=" 山东 ">山东</option>
<option value=" 安徽 ">安徽</option>
</select>
</form>
```

```
</body>
</html>
```

加粗部分的代码功能为设置下拉菜单，在浏览器中浏览，效果如图5.24所示。

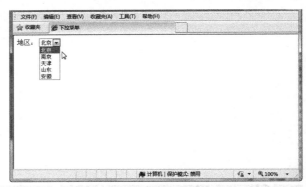

图5.24 下拉菜单效果

5.3.2 插入列表项

列表项在网页中可以显示出几条信息，一旦超出设定显示的信息量，列表右侧则会出现滚动条，拖动滚动条可以查看所有的选项。

语法：

```
<select name=" 列表项名称 " size=" 显示的列表项数 " multiple>
<option value=" 选项值 " selected>选项显示内容
...
</select>
```

说明：在语法中，size 用来设置在页面中显示的最多列表数，当超过这个值时会出现滚动条。

举例：

```
<!doctype html>
<html>
<head>
<meta charset=" utf-8 ">
<title>列表项</title>
</head>
<body>
<form action=" index.htm " method=" post " name=" form1 ">你最喜欢的颜色：
<select name=" select " size=" 1 " multiple=" multiple ">
<option value=" 红色 ">红色</option>
<option value=" 紫色 ">紫色</option>
<option value=" 白色 ">白色</option>
<option value=" 黑色 ">黑色</option>
<option value=" 黄色 ">黄色</option>
</select>
</form>
</body>
</html>
```

加粗部分的代码功能为设置列表项，在浏览器中浏览，效果如图5.25所示。

图5.25 列表项效果

5.3.3 课堂练习——用户注册表单页面制作实例

本章前面讲解的内容只是表单的基本构成标签，表单的<form>标签只有和它所包含的具体控件结合才能真正实现表单收集信息的功能。下面就以一个完整的表单提交网页案例，说明表单中各功能控件的添加方法，具体操作步骤如下。

01 使用Dreamweaver CC打开网页文档，如图5.26所示。

02 打开拆分视图，在<body>和</body>之间相应的位置输入代码<form></form>，插入表单，如图5.27所示。

图5.26 打开网页文档

图5.27 输入插入表单代码

03 在<form>标签中输入代码action=" mailto:**163@.com ">，将表单中收集到的内容以电子邮件的形式发送出去，如图5.28所示。

图5.28 输入代码

④ 在<form>标签中输入代码method="post" id="form1"，将表单的传送方式设置为post，名称设置为form1，如图5.29所示，此时的代码如下所示。

```
<form action=" mailto:**163@.com
" " method=" post " id=" form1 " ></
form>
```

图5.29 输入代码

⑤ 在<form>和</form>标签之间输入代码<table>…</table>，插入6行2列的表格，将表格宽度设置为85%，填充设置为5，如图5.30所示。

⑥ 将光标置于表格第1行第1列单元格中，在<form>和</form>之间相应的位置输入代码<td width30%>姓名：</td>，如图5.31所示。

图5.30 输入表格代码

图5.31 输入文字

⑦ 将光标置于表格的第1行第2列单元格中，输入文本域代码<input name=" textfield " type=" text " id=" textfield " size=" 30 " maxlength=" 25 ">，插入文本域，如图5.32所示。

⑧ 用同样的方法，在其他相应的单元格第1列单元格中输入相应的文字，在第2列单元格中插入文本域代码，如图5.33所示。

```
<td>联系电话：</td>
<td><input name=" textfield2 " type=" text " id=" textfield2 " size=" 20 " maxlength=" 25 " ></td>
 <tr>
<td>Email：</td>
<td>
<input name=" textfield3 " type=" text " id=" textfield3 " size=" 40 " maxlength=" 25 " >
</td>
```

图5.32 输入文本域代码

图5.33 输入其他的文本域代码

⑨ 将光标置于表格第4行第1列单元格中，输入代码<td>性别：</td>，在第2列单元格中输入单选按钮代码，如图5.34所示。

```
<input name="msgSex445" value="1" checked=" " type="radio">男
<input name="msgSex445" value="0" type="radio">女
```

⑩ 将光标置于表格第5行第1列单元格中，输入代码<td>留言内容：</td>，在第2列单元格中输入列表/菜单代码，如图5.35所示。

```
<td>留言内容：</td>
<td><textarea name="textarea" cols="45" rows="5" id="textarea"></textarea></td>
```

图5.34 输入单选按钮代码

图5.35 输入文本区域代码

⑪ 将光标置于表格第6行单元格中，输入按钮代码，如图5.36所示。

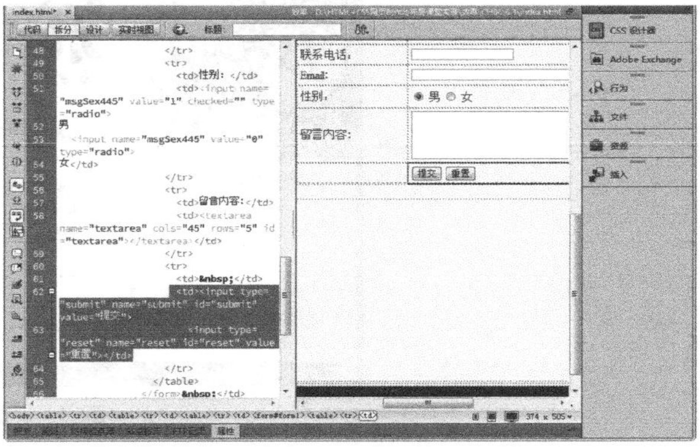

```
<td><input type="submit" name="submit"
id="submit" value="提交">
<input type="reset" name="reset" id="
reset" value="重置"></td>
```

图5.36 插入按钮域代码

⑫ 保存文档，按F12键预览表单效果，效果如图5.37所示。

图5.37 表单效果

5.4 课后习题

1. 填空题

（1）在网页中_____标签用来创建表单，即定义表单的开始和结束位置，在标签之间的一切内容都属于表单。在表单的<form>标签中，可以设置表单的基本属性，包括表单的名称、处理程序和传送方法等。

（2）表单的_____属性用于指定数据提交到服务器时使用的HTTP提交类型，可取值为_____或_____。

（3）目标窗口的打开方式有4种：_____、_____、_____和_____。

（4）菜单和列表主要用于在给定答案中选择一种，这类选择答案往往比较多。菜单和列表主要是为了节省页面的空间，它们都是通过_____标签来实现的。

2. 操作题

制作图5.38所示的表单网页。

图5.38 设置文本框的样式

第**6**章

HTML5音频与视频

内容摘要

　　如今的网页效果丰富多彩，音频和视频的作用不言而喻，正是借助了视频、音频的综合应用，网页内容才丰富多彩、呈现出无限的动感。HTML5面世之前，网页中的音频和视频都是借助Flash形式或者第三方工具实现的。现在，在一个支持HTML5的浏览器中，不需要安装任何插件就能播放音频和视频。支持音频和视频播放，为HTML5注入了巨大的发展潜力。

课堂学习目标

- 熟悉HTML5多媒体技术
- 掌握HTML5 视频video的用法
- 掌握HTML5 音频audio的用法
- 掌握音频和视频的相关属性、方法与事件的用法

6.1 HTML5多媒体技术概述

在网页设计中，多媒体技术主要是指在网页上应用音频、视频等来传递信息的操作方法。

6.1.1 音频文件格式

音频格式是指在计算机内播放或处理音频文件的格式。音频的最大带宽是20kHz，采样率范围为40~50kHz，采用线性脉冲编码调制（PCM），每一量化步长的长度相等。

要在计算机内播放或处理音频文件，需要对声音文件进行数模转换，这个过程由采样和量化构成。人耳所能听到的声音的频率是20Hz~20kHz，20kHz以上频率的声音人耳是听不到的，因此音频文件格式的最大带宽是20kHz，故而采样率需要介于40~50kHz之间，而且每个样本需要更多的量化比特数。音频数字化的标准是每个样本16位（16bit，即96dB）的信噪比，采用线性脉冲编码调制（PCM），每一量化步长的长度相等。在音频文件的制作中采用这一标准。

音频格式种类多，常见的音频格式包括：CD格式、WAVE、AIFF、AU、MP3、MIDI、WMA、RealAudio、VQF、OggVorbis、AAC、APE等。

6.1.2 视频文件格式

视频文件的格式非常多，常见的有MPEG、AVI、WMV、RM和MOV等。

● MPEG（或MPG）是一种压缩率较大的视频压缩标准，常见的VCD、SVCD、DVD就是采用MPEG标准压缩的。MPEG格式采用的是运动图像压缩算法的国际标准，用有损压缩方法来减少运动图像中的冗余信息，去除图像冗余的部分，从而达到压缩文件的目的。

● AVI是Microsoft Windows操作系统使用的一种多媒体文件格式，可以将视频和音频交织在一起同步播放。AVI格式的优点是图像质量好，可以跨多个平台使用。

● WMV是Windows操作系统自带的媒体播放器Windows Media Player使用的多媒体格式。WMV的英文全称为Windows Media Video，是微软公司推出的采用独立编码方式并且可以直接在网上实时观看视频节目的文件压缩格式。WMV格式的主要优点包括本地或网络回放、可扩充的媒体类型、部件下载、可伸缩的媒体类型、信息流的优先级化、多语言支持和环境独立性。

● RM是Real公司推广的一种多媒体文件格式，具有非常好的压缩率，是网上应用最广泛的格式之一。RealPlayer对符合Real Media技术规范的网络音频/视频资源可以进行实况转播，并且RM格式可以根据不同的网络传输速率制定出不同的压缩率，从而可以在低速率的网络上进行影像数据的实时传送和播放。

● MOV是Apple公司推广的一种多媒体文件格式。

6.2 HTML5 视频video

以前，在网页中嵌入视频最常用的方法是使用Flash，使用<object>和<embed>标签，就可以在浏览器中播放SWF、FLV等格式的视频文件，但前提是浏览器必须安装Adobe Flash Player插件。HTML5的到来改变了这一现实，只需要使用<video>标签就可以轻松加载视频文件，不需要任何第三方插件。

6.2.1 课堂案例——在网页中添加视频文件

随着网络技术的发展和推广，许多视频网站应运而生，并提供在线视频服务，越来越多的人选择在线观看视频。

下面通过图6.1所示的效果，讲述如何在网页中插入视频，具体操作步骤如下。

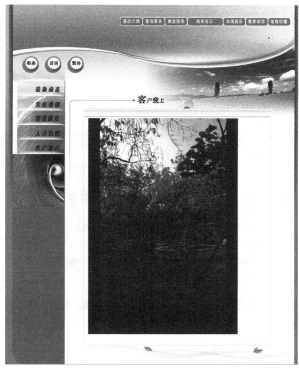

图6.1 在网页中插入视频

01 打开网页文档，将鼠标指针置于要插入视频的位置，如图6.2所示。
02 执行"插入"|"媒体"|"HTML5 Video"命令，插入视频，单击"属性"面板中"源"后的浏览按钮，如图6.3所示。

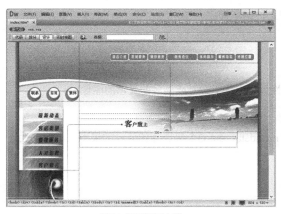

图6.2 打开网页文档

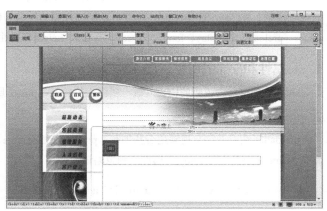

图6.3 插入视频

03 在弹出的"选择视频"对话框中选择视频文件，如图6.4所示。
04 单击"确定"按钮即可插入视频，在"属性"面板中设置宽度和高度，如图6.5所示。

图6.4 选择视频文件

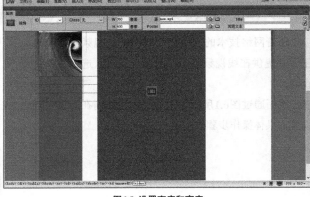

图6.5 设置宽度和高度

⑤ 在拆分视图中输入的代码，如图6.6所示。

```
<video width= " 350 "  height= " 600 "
controls >
    <source src= " new.mp4 "  type= " video/mp4 " >
</video>
```

⑥ 保存文档，按F12键在浏览器中预览，效果如图6.1所示。

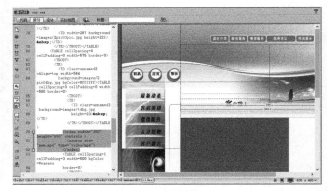

图6.6 输入代码

6.2.2 <video>标签概述

HTML5中<video>标签的出现改变了浏览器必须加载插件的情况，进一步改善了用户体验，可以让用户轻松愉快地观看视频。HTML5使用<video>标签可以控制视频的播放与停止、循环播放、视频尺寸等。<video>标签含有src、poster、preload、autoplay、loop、controls、width、height等属性。

1．src属性和poster属性

src属性规定播放视频的URL（统一资源定位符）。poster 属性规定视频下载时或播放前显示的图像。

2．preload属性

preload属性用于定义视频是否预加载。preload属性有none、metadata、auto3个可选择的值，如果不使用此属性，默认为auto。如果使用 autoplay属性，则忽略该属性。

```
<video src= " xxxx.mp4 "  preload= " none " ></video>
```

none：页面加载后不载入视频。

metadata：页面加载后只载入元数据。

auto：页面加载后载入整个视频。

3．autoplay属性

autoplay属性用于设置视频是否自动播放。当使用autoplay属性时，表示网页加载后自动播放视频。

```
<video src= " xxxx.mp4 "  autoplay= " autoplay "  ></video>
```

4. loop属性

loop属性规定视频结束后重新开始播放。如果设置该属性，则循环播放视频。

```
<video width="658" height="444" src="xxxx.mp4" autoplay="autoplay" loop="loop">
</video>
```

5. controls属性

如果出现controls属性，则向用户显示控件，控制栏须包括播放。暂停控件、播放进度控件、音量控件等。

浏览器默认控件的<video>标签的使用方法如下。

```
<video width="658" height="444" autoplay="autoplay" controls="controls">
  <source src="movie.ogg" type="video/ogg" />
  <source src="movie.mp4" type="video/mp4" />
</video>
```

6. width属性和height属性

这两个属性分别用于设置视频播放器的宽度和高度。

6.2.3　链接不同的视频文件

当前，video元素支持3种视频格式，分别如下。

Ogg：带有Theora视频编码和Vorbis音频编码的Ogg文件。

MP4：带有H.264视频编码和AAC音频编码的MPEG 4文件。

WebM：带有VP8视频编码和Vorbis音频编码的WebM文件。

source元素用于给媒体指定多个可选择的文件地址，且只能在媒体标签没有使用src属性时使用。source 元素可以链接不同格式的视频文件，浏览器会检测并使用第一个可识别的格式。

下面的例子中，浏览器如果支持MP4格式则播放视频，不支持MP4格式无法播放视频。

```
<video src="xxx.mp4" autoplay></video>
```

如果指定了多个媒体源，当浏览器支持MP4格式时会播放MP4格式视频，不支持MP4格式会按顺序播放下面的WebM格式或Ogg格式视频。

```
<video autoplay>
  <source src="xxx.mp4" type="video/mp4">
  <source src="xxx.wav" type="video/webm">
  <source src="xxx.ogg" type="video/ogg">
</video>
```

source元素包含src、type、media三个属性。

src属性：用于指定媒体的地址。

type属性：用于说明媒体的类型，帮助浏览器在获取媒体前判断是否支持该类型的媒体格式。

media属性：用于说明媒体在何种媒介中使用，不设置时默认值为all，表示支持所有媒介。

举例：

```
<!doctype html>
<html>
<body>
<video width="500" height="240" controls>
```

```
    <source src="1.3gp" type="video/3gp">
    <source src="2.mp4" type="video/mp4">
    </video>
</body>
</html>
```

搜狗浏览器不支持3GP格式，所以就使用第二个格式（mp4），在浏览器中预览，效果如图6.7所示。

图6.7 预览效果

6.3 HTML5 音频audio

HTML5规定了一种通过audio元素来包含音频的标准方法。audio元素能够播放声音文件或音频流。

6.3.1 课堂案例——在网页中插入音频

通过代码提示，可以在代码视图中输入代码。在输入某些字符时，将显示一个列表，列出完成条目需要的选项。下面通过代码提示讲述背景音乐的插入，效果如图6.8所示，具体操作步骤如下。

图6.8 插入背景音乐效果

01 打开网页文档，如图6.9所示。

图6.9 打开网页文档

02 切换到代码视图，在代码视图中找到<body>标签，并在其后面输入"<"后会自动弹出一个列表框，向下滚动该列表并选中bgsound标签，如图6.10所示。

图6.10 选中bgsound标签

03 双击该标签将其插入代码中，如果该标签支持属性，则按Space键可以显示该标签允许的属性列表，从中选择src属性，如图6.11所示，这个属性用来设置背景音乐文件的路径。

04 按Enter键，出现"浏览"字样，单击"浏览"弹出"选择文件"对话框，在对话框中选择音乐文件，如图6.12所示。

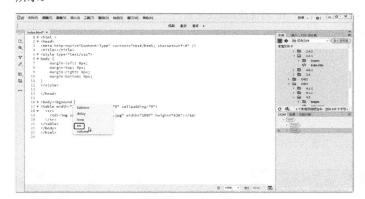

图6.11 选择src属性

图6.12 选择文件

05 选择音乐文件后，单击"确定"按钮。在新插入的代码后按Space键，在属性列表中选择loop属性，如图6.13所示。

图6.13 选择loop属性

06 出现"-1"后选中代码。在最后的属性值后，为该标签输入">"，如图6.14所示。

07 保存文档，按F12键在浏览器中预览，效果如图6.8所示。

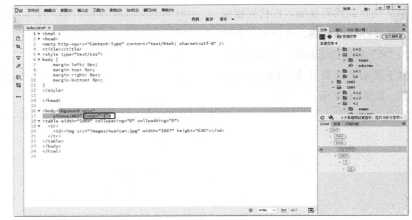

图6.14 输入">"

6.3.2 audio元素

在HTML5中，audio元素与video元素非常类似，但audio元素没有视频效果。audio元素是HTML5的一个原生元素，它不需要第三方播放器，与video元素类似，可以使用CSS设置audio元素的样式。

audio 元素可以包含多个音频资源，这些音频资源可以使用 src 属性或source元素进行描述，浏览器会选择最合适的一个来使用。当前，audio元素支持三种音频格式：Ogg、MP3和Wav。

举例：

```
<audio controls=" controls " >
  <source src=" song.ogg "  type=" audio/ogg " >
  <source src=" song.mp3 "  type=" audio/mpeg " >
  <source src=" song.wav "  type=" auto/wav " >
</audio>
```

6.3.3 隐藏audio音频播放器

<audio>标签如果不包含controls属性，则audio音频播放器不会呈现在页面上。在这种情况下，用户无法使用标准控件来播放音频。在不呈现audio音频播放器的情况下，可以将启动audio元素音频播放的命令放入页面的load事件中。

举例：

```
<!doctype html>
<html lang=" en " >
<head>
<meta charset=" utf-8 " >
<title>Audio</title>
<style>
#audio1 {border-style:ridge;
border-color:#c3eefd;
border-width:15px;
}
</style>
<script>
function playmusic() {
document.getElementById(" audio1 ").play();
```

```
}
</script>
</head>
<body onload=" playmusic(); ">
<div style=" margin-left:40px; ">
<h1> Music Plays without any Visible Player</h1>
<br></br>
<audio id=" audio1 ">
  <source src=" DontPanic.ogg " type=" audio/ogg " />
  <source src=" movie.ogg " type=" audio/ogg " />
  </audio>
<br></br>
</div>
</body>
</html>
```

页面加载时会调用playmusic()函数，在该函数中，调用了audio元素的.play()方法。当用户在浏览器中打开该页面时，audio元素将播放指定的音频文件，在浏览器中看不到播放器，但能听到声音，效果如图6.15所示。

图6.15　预览效果

6.3.4　audio元素的事件

audio可以触发很多事件。其中很多是标准事件，如单击鼠标（click）、移动鼠标（mouse move）、获得焦点（focus）等事件；还有一些是audio元素特有的事件，包括播放（play）、暂停（pause）、改变音量（volume change）、播放完毕（ended）等。

举例：

```
<!doctype html>
<head>
<meta charset=" utf-8 ">
<title>audio</title>
<style>
#audio1 {border-style:ridge;
border-color:#c3eefd;
border-width:15px;
background: url(gradient1.jpg);  }
</style>
<script>
function showpicture() {
document.getElementById(" musicstaff ").style.visibility=" visible ";
```

```
    }
    function hidepicture() {
    document.getElementById("musicstaff").style.visibility="hidden";
    }
    function thanks() {
    document.getElementById("thanks").innerHTML=
    "<h2>Thanks for listening!</h2>";  }
    </script>
    </head>
    <body>
    <div style="margin-left:40px;">
    <h1>Music Play with Events</h1>
    <br>
    <div id="thanks"></div>
    <br>
    <audio controls id="audio1" onplay="showpicture()"
    onpause="hidepicture()" onended="thanks()">
      <source src="movie.ogg" type="audio/ogg" />
        Your browser does not support the audio element </audio>
    <br><br>
    <img src="bo.jpg" width="376" height="262" id="musicstaff"
    style="visibility:hidden;">
    </div>
    </body>
    </html>
```

对于页面中标识符为musicstaff的图片（即bo.jpg），当页面加载时，该图片不可见（通过style="visibility:hidden;"），如图6.16所示。一旦播放器启动播放，就会触发play事件，调用JavaScript函数showpicture()，将图片切换为可见，如图6.17所示。如果暂停播放，则会触发pause事件，调用另一个JavaScript函数hidepicture()，将图片切换回隐藏状态，如图6.18所示。当歌曲播放完毕时触发ended事件，显示Thanks for listening！"，如图6.19所示。设置div元素的innerHTML属性可以将该消息显示在页面上。

图6.16 页面加载时

图6.17 播放器启动播放时

图6.18 暂停播放时

图6.19 播放结束后

6.4 音频与视频相关属性、方法与事件

HTML5为audio和video元素提供了方法、属性和事件。这些方法、属性和事件允许使用JavaScript来操作audio和video元素。

6.4.1 音频与视频相关属性

audioTracks：返回表示可用音轨的AudioTrackList对象。

autoplay：设置或返回是否在加载完成后立即播放音频/视频。

buffered：返回表示音频/视频已缓冲部分的TimeRanges对象。

controller：返回表示音频/视频当前媒体控制器的MediaController对象。

controls：设置或返回音频/视频是否显示控件（比如播放/暂停控件等）。

crossOrigin：设置或返回音频/视频的CORS设置。

currentSrc：返回当前音频/视频的URL。

currentTime：设置或返回音频/视频中的当前播放位置（以秒计）。

defaultMuted：设置或返回音频/视频是否默认静音。

defaultPlaybackRate：设置或返回音频/视频的默认播放速度。

duration：返回当前音频/视频的长度（以秒计）。

ended：返回音频/视频的播放是否已结束。

error：返回表示音频/视频错误状态的MediaError对象。

loop：设置或返回音频/视频是否应在结束时重新播放。

mediaGroup：设置或返回音频/视频所属的组合（用于连接多个音频/视频元素）。

muted：设置或返回音频/视频是否静音。

networkState：返回音频/视频的当前网络状态。

paused：设置或返回音频/视频是否暂停。

playbackRate：设置或返回音频/视频播放的速度。

played：返回表示音频/视频已播放部分的TimeRanges对象。

preload：设置或返回音频/视频在页面加载后是否进行加载。

readyState：返回音频/视频当前的就绪状态。

seekable：返回表示音频/视频可寻址部分的TimeRanges对象。

seeking：返回用户是否正在音频/视频中进行查找。

src：设置或返回音频/视频元素的当前来源。

startDate：返回表示当前时间偏移的Date对象。

textTracks：返回表示可用文本轨道的TextTrackList对象。

videoTracks：返回表示可用视频轨道的VideoTrackList对象。

volume：设置或返回音频/视频的音量。

6.4.2 音频与视频相关方法

addTextTrack()：向音频/视频添加新的文本轨道。

canPlayType()：检测浏览器是否能播放指定的音频/视频类型。

load()：重新加载音频/视频元素。

play()：开始播放音频/视频。

pause()：暂停当前播放的音频/视频。

6.4.3 音频与视频相关事件

abort：当已放弃音频/视频的加载时，触发该事件。

canplay：当浏览器可以播放音频/视频时，触发该事件。

canplaythrough：当浏览器可在不因缓冲而停顿的情况下进行播放时，触发该事件。

durationchange：当音频/视频的时长已更改时，触发该事件。

emptied：当目前的播放列表为空时，触发该事件。

ended：当目前的播放列表已结束时，触发该事件。

error：当在音频/视频加载期间发生错误时，触发该事件。

loadeddata：当浏览器已加载音频/视频的当前帧时，触发该事件。

loadedmetadata：当浏览器已加载音频/视频的元数据时，触发该事件。

loadstart：当浏览器开始查找音频/视频时，触发该事件。

pause：当音频/视频已暂停时，触发该事件。

play：当音频/视频已开始时，触发该事件。

playing：当音频/视频在因缓冲而暂停或停止后再次就绪时，触发该事件。

progress：当浏览器正在下载音频/视频时，触发该事件。

ratechange：当音频/视频的播放速度已更改时，触发该事件。

seeked：当用户已移动/跳跃到音频/视频中的新位置时，触发该事件。

seeking：当用户开始移动/跳跃到音频/视频中的新位置时，触发该事件。

stalled：当浏览器尝试获取媒体数据，但数据不可用时，触发该事件。

suspend：当浏览器刻意不获取媒体数据时，触发该事件。

timeupdate：当目前的播放位置已更改时，触发该事件。

volumechange：当音量已更改时，触发该事件。

waiting：当视频因缓冲下一帧而停止时，触发该事件。

6.4.4 课堂练习——用脚本控制音乐播放

在HTML页面中，除了获取audio和video元素来播放音频和视频之外，很多时候我们还需要JavaScript来控制这些元素的获取。在JavaScript中获取audio元素的对象为HTMLAudioElement，获取video元素的对象为HTMLVideoElement。

HTMLAudioElement的对象和HTMLVideoElement对象支持方法如下：

play():播放音频和视频。

pause()：暂停播放。

load()：重新加载音频和视频文件。

canPlayType(type)：判断该元素是否可以播放type类型的音频、视频。

下面页面中有一个简单的音乐播放器，如图6.20所示，支持随机播放和顺序播放两种模式。

图6.20 简单的音乐播放器

 使用Dreamweaver新建空白网页文档，如图6.21所示。

02 切换至代码视图，在<head></head>之间输入JavaScript代码，如图6.22所示。

图6.21 新建空白网页文档

图6.22 输入JavaScript代码

```
<script type=" text/javascript ">
        // 定义能播放的所有音乐
        var musics = [
            " 1. mp3 ",
            " 2. mp3 ",
            " 3. mp3 ",
            " 4. mp3 ",
            " 5. mp3 ",
        ];
        // 定义正在播放的音频文件的索引
        var index = 0;
        // 记录顺序播放、随机播放的变量
        var playType;
        var player;
        window. onload = function()
```

```
        {
            var typeSel = document.getElementById("typeSel");
            // 当用户更改下拉菜单的选项时，改变播放方式
            typeSel.onchange = function()
            {
                window.playType = typeSel.value;
            }
            player = document.getElementById("player");
            // 页面加载时播放第一个音频文件
            player.src = musics[index];
            player.onended = function()
            {
                if(playType == "random")
                {
                    // 计算一个随机数
                    index = Math.floor(Math.random() * musics.length);
                    // 随机播放一个音频文件
                    player.src = musics[index];
                }
                else
                {
                    // 播放下一个音频文件
                    player.src = musics[++index % musics.length];
                }
                // 播放
                player.play();
            }
        }
    </script>
```

③ 在正文中输入代码<h2>音乐播放器</h2>，如图6.23所示。

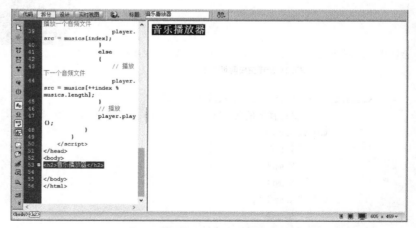

图6.23 输入代码<h2>音乐播放器</h2>

④ 在正文中输入如下代码，设置播放器，如图6.24所示，完成后保存网页即可。

```
<select id="typeSel" style="width:160px">
    <option value="sequence">顺序播放</option>
    <option value="random">随机播放</option>
</select><br/>
```

```
<audio id=" player " controls>
您的浏览器不支持audio元素
</audio>
```

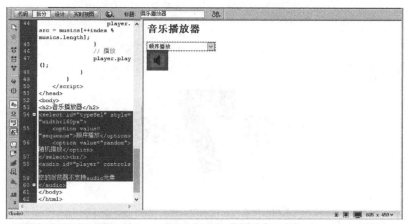

图6.24 输入代码设置播放器

6.5 课后习题

1. 填空题

（1）视频文件的格式非常多，常见的有_____、_____、_____、_____、_____等。

（2）HTML5使用_____标签可以控制视频的播放与停止、循环播放、视频尺寸等。_____标签含有_____、_____、_____、_____、_____、_____、_____、_____等属性。

（3）video元素支持三种视频格式，分别为_____、_____、_____。

（4）_____元素可以包含多个音频资源，这些音频资源可以使用 src 属性或source元素进行描述，浏览器会选择最合适的音频来使用。

2. 操作题

给网页添加音乐，网页效果如图6.25所示。

图6.25 给网页添加音乐

第**7**章

HTML5画布canvas与SVG

内容摘要

  canvas和SVG可以在浏览器中绘制2D图像，但两者本质是不同的。canvas是在Java Script中进行绘图，是逐像素绘图。一旦canvas图像绘制完成，就与浏览器无关了，若图像的位置发生变化，整个场景都需要重新绘制，包括已经被覆盖的元素。SVG使用xml绘制图像，可以为SVG添加JavaScript的事件处理器。SVG所有的DOM都是可用的，当图像属性发生变化时，浏览器会自动重新绘制。

课堂学习目标

- 掌握HTML5 画布canvas的用法
- 掌握HTML5 SVG的用法
- 掌握变换的使用方法

7.1 使用画布canvas绘制基本图形

在HTML5中，canvas元素用于在网页上绘制图形，该元素强大之处在于可以直接在HTML上进行图形操作，具有极大的应用价值。

7.1.1 课堂案例——使用canvas元素绘制花朵

使用canvas元素绘制花朵，效果如图7.1所示。

图7.1 绘制的花朵效果

01 创建HTML 5网页文档，添加canvas元素，设置元素的id、宽度和高度，如图7.2所示。

```
<canvas id="canvas" width="1000" height="600"
style="border:1px solid #aaa;display:block;margin:50 auto;"></canvas>
```

02 在JavaScript页面中输入代码进行绘画，如图7.3所示，代码如下。

```
var canvas=document.getElementById("canvas");
var context=canvas.getContext("2d");
context.lineWidth=2;
context.strokeStyle="black";
context.fillStyle = "#FF6666";
```

图7.2 添加 canvas 元素　　　　　　　　　　　　　图7.3 输入代码绘画

canvas元素本身是没有绘图能力的，所有的绘制工作必须在JavaScript内部完成。

　　绘制花瓣，花瓣的圆心坐标为（550,200），花瓣的半径为50像素，花瓣的填充颜色为粉红色。其他花瓣及花蕊绘制方法一样，代码如下。

```
//花瓣右上
context.beginPath();
context.arc(550, 200, 50, 0, 2*Math.PI);
context.stroke();
context.fill();
//花瓣右下
context.beginPath();
context.arc(550, 300, 50, 0, 2*Math.PI);
context.stroke();
context.fill();
//花瓣左上
context.beginPath();
context.arc(450, 200, 50, 0, 0.5*Math.PI, true);
context.stroke();
context.fill();
//花瓣左下
context.beginPath();
context.arc(450, 300, 50, 0, 1.5*Math.PI);
context.stroke();
context.fill();
//花蕊
context.beginPath();
context.fillStyle = "#FC6";
context.arc(500, 250, 50, 0, 2*Math.PI);
context.stroke();
context.fill();
//花径
context.beginPath();
context.arc(150, 300, 350, 0, 0.3*Math.PI);
context.stroke();
//右边的叶子
context.beginPath();
context.fillStyle = "green";
context.arc(468, 400, 50, 0, 0.5*Math.PI);
context.closePath();
context.stroke();
context.fill();
//左边的叶子
context.beginPath();
context.fillStyle = "green";
context.arc(468, 400, 50, 0.5*Math.PI, Math.PI, false);
context.closePath();
context.stroke();
context.fill();
```

7.1.2 canvas元素

canvas元素可以说是HTML5中功能最强元素之一，可以使用JavaScript在网页上绘制图像。画布是一个矩形区域，可以控制区域内的每个像素。canvas元素拥有多种绘制路径、矩形、圆形、字符，以及添加图像的方法。

语法：

```
<canvas id="mycanvas" width="200" height="100"></canvas>
```

说明：

canvas元素要求至少设置width和height属性，以指定创建绘图区域的大小。起始标签和结束标签之间的内容是候选内容，当浏览器不支持canvas元素的时候便会显示候选内容。

举例：

```
<!doctype html>
<html>
<head>
<meta charset="utf-8">
<title>canvas元素</title>
    <style>
        body {background: #dddddd;}
        #canvas {
            margin: 10px;
            padding: 10px;
            background: #9C0;
            border: thin inset #aaaaaa;
        }
    </style>
</head>
<body>
    <canvas id='canvas' width='500' height='400'>
        canvas not supported
    </canvas>
</body>
</html>
```

本例使用了canvas元素，为其指定了一个标识符，并设置了该元素的宽度与高度，使用CSS来设置应用程序的背景色和canvas元素自身的某些属性，预览效果如图7.4所示。

图7.4 使用canvas元素的效果

7.1.3 绘制直线

canvas中有两种基本图形，一种是直线，另一种是曲线。canvas中绘制直线可以使用moveTo和lineTo，分别是线段的起点和终点坐标，变量为（x坐标，y坐标），strokeStyle、stroke分别为路径绘制样式和绘制路径。

语法：

```
moveTo(x,y)：定义线条起点坐标
lineTo(x,y)：定义线条终点坐标
stroke()：通过线条来绘制图形轮廓
```

下面绘制一条起点是(20,30)，终点是(300,150)的直线线段，使用lineWidth属性设置线条的宽度为5像素，使用strokeStyle属性设置颜色为green。

举例：

```html
<!doctype html>
<html>
    <head>
        <meta charset="UTF-8"/>
    </head>
    <style type="text/css">
        canvas{border:dashed 2px #CCC}
    </style>
    <script type="text/javascript">
        function $$(id){
            return document.getElementById(id);
        }
        function pageLoad(){
            var can = $$('can');
            var cans = can.getContext('2d');
            cans.moveTo(20,30);//第一个起点
            cans.lineTo(300,150);//第二个点
                    cans.lineWidth=5;
            cans.strokeStyle = 'green';
            cans.stroke();
        }
    </script>
    <body onload="pageLoad();">
        <canvas id="can" width="350px" height="200px"></canvas>
    </body>
</html>
```

预览效果如图7.5所示。

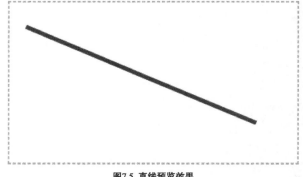

图7.5 直线预览效果

7.1.4 绘制矩形

1. 绘制实心矩形

使用fillRect()方法绘制实心矩形，其填充颜色从绘图上下文的**fillStyle**属性中获取。fillRect()方法绘制已填充的矩形。默认的填充颜色是黑色。

语法：

```
context.fillRect(x,y,width,height);
```

说明如下。

x：矩形左上角的x坐标。

y：矩形左上角的y坐标。

width：矩形的宽度，以像素为单位。

height：矩形的高度，以像素为单位。

下面创建一个实心矩形，填充颜色为绿色，宽度为250像素，高度为200像素，左上角x坐标和y坐标均为50，效果如图7.6所示。

举例：

```
<!doctype html>
<html>
<head>
<meta charset="utf-8">
<title>绘制矩形</title>
</head>
<body>
<canvas id="mycanvas" width="350" height="350" style="border:1px solid #d3d3d3;">
</canvas>
<script>
var canvas = document.getElementById("mycanvas");
var context = canvas.getContext("2d");
  //填充颜色
context.fillStyle = "green";
//绘制实心矩形
context.fillRect(50,50,250,200);
</script>
</body>
</html>
```

图7.6 实心矩形

2. 绘制矩形边框

strokeRect()方法按照指定的位置和大小绘制一个矩形边框，但不填充矩形内部。线条颜色和线条宽度由strokeStyle和lineWidth属性指定。

语法：

```
strokeRect(x, y, width, height);
```

说明如下。

x：矩形左上角的x坐标。

y：矩形左上角的y坐标。

width：矩形的宽度，以像素为单位。

height：矩形的高度，以像素为单位。

下面创建一个矩形边框，颜色为红色，宽度为250像素，高度为200像素，左上角x坐标和y坐标均为50，线条宽度为15像素的矩形边框，如图7.7所示。

```
<!doctype html>
<html>
<head>
<meta charset=" utf-8 ">
<title>绘制矩形</title>
</head>
<body>
<canvas id=" mycanvas " width=" 350 " height=" 350 "  style=" border:1px solid #d3d3d3; ">
</canvas>
<script>
var canvas = document.getElementById(" myCanvas ");
var context = canvas.getContext(" 2d ");
//边框线条宽度
context.lineWidth = 15;
//边框线条颜色
context.strokeStyle =  " red ";
//绘制矩形边框
context.strokeRect(50, 50, 250, 200)
</script>
</body>
</html>
```

图7.7 矩形边框

3. 绘制带边框的实心矩形

综合使用 fillRect()和strokeRect()这两个方法绘制带边框的实心矩形，如图7.8所示。

```html
<!doctype html>
<html>
<head>
<meta charset="utf-8">
<title>绘制矩形</title>
</head>
<body>
<canvas id="mycanvas" width="350" height="350" style="border:1px solid #d3d3d3;">
</canvas>
<script>
var canvas = document.getElementById("mycanvas");
var context = canvas.getContext("2d");
//填充颜色
context.fillStyle = "green";
//边框线条宽度
context.lineWidth = 15;
//边框线条颜色
context.strokeStyle = "red";
//绘制实心矩形
context.fillRect(50, 50, 250, 200);
//绘制矩形边框
context.strokeRect(50, 50, 250, 200)
</script>
</body>
</html>
```

图7.8 带边框的实心矩形

7.1.5 绘制三角形

下面通过示例演示使用路径绘制三角形并填充的方法。

语法：

```
closePath()
```

先绘制一条"L"形路径，然后绘制线条返回开始点，创建从当前点到开始点的路径。

下面绘制三角形，路径绘制完毕后，调用 closePath()来明确关闭路径。closePath()会自动在绘制终点与绘制起点间绘制一条线。绘制后的三角形如图7.9所示。

```
<!doctype html>
<html>
<head>
<meta charset="utf-8">
<title>绘制三角形</title>
</head>
<body>
<canvas id="mycanvas" width="350" height="250" style="border:1px solid #d3d3d3;">
</canvas>
<script>
var canvas = document.getElementById("mycanvas");
var context = canvas.getContext("2d");
//绘制路径
context.moveTo(200, 50);
context.lineTo(100, 150);
context.lineTo(300, 150);
context.closePath();
//填充内部
context.fillStyle = "orange";
context.fill();
//绘制轮廓
context.lineWidth = 15;
context.strokeStyle = "#cd2658";
context.stroke();
</script>
</body>
</html>
```

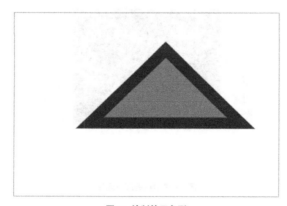

图7.9 绘制的三角形

7.1.6 绘制圆弧

圆弧是圆上的一部分。绘制圆弧必须确定圆心坐标、圆的半径、圆弧的起点角度和终点角度。其中起点角度和终点角度都要用弧度表示，即常量pi的倍数（1pi表示半圆，2pi表示整个圆形）。

语法：

```
arc(x, y, r, startAngle, endAngle, anticlockwise)
```

说明：以(x, y) 为圆心，r 为半径，从 startAngle弧度开始到endAngle弧度结束。anticlockwise 是布尔值，true表示逆时针方向（默认），false表示顺时针方向。

注意：这里的角度都是弧度。0弧度是指的*x*轴正方向。

下面使用arc()方法绘制一段圆弧，绘制后的圆弧如图7.10所示。

```html
<!doctype html>
<html>
<head>
<meta charset="utf-8">
<title>绘制圆弧</title>
</head>
<body>
<canvas id="mycanvas" width="350" height="250" style="border:1px solid #d3d3d3;">
</canvas>
<script>
var canvas = document.getElementById("mycanvas");
var context = canvas.getContext("2d");
context.lineWidth = 15;
context.strokeStyle = "#cd2828";
//创建变量,保存圆弧的各方面信息
var centerx = 200;
var centery = 130;
var radius = 100;
var startingAngle = 0 * Math.pi;
var endingAngle = 1.5 * Math.pi;
//使用确定的信息绘制圆弧
context.arc(centerx, centery, radius, startingAngle, endingAngle);
context.stroke();
</script>
</body>
</html>
```

如果想画一个整圆，只需将起点角度设为0pi，终点角度设为2pi，即可绘制整圆，如图7.11所示。

```
var endingAngle = 2 * Math.pi;
```

图7.10 绘制的圆弧

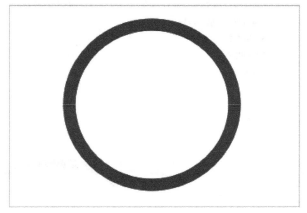

图7.11 绘制的整圆

7.1.7 绘制贝塞尔曲线

贝塞尔曲线，又称贝兹曲线或贝济埃曲线，是应用于二维图形应用程序的数学曲线。一般的矢量图形制作软件通过它来精确地画出曲线。贝塞尔曲线由节点与线段组成，节点是可拖动的支点，线段像可伸缩的皮筋，在绘图工具上看到的钢笔工具就是用来做这种矢量曲线的。

贝塞尔曲线是计算机图形学中非常重要的参数曲线，在一些比较成熟的位图软件中也有贝塞尔曲线工具，如Photoshop。

下面绘制一条贝塞尔曲线，代码如下，如图7.12所示。

```html
<!doctype html>
<html>
<head>
<meta charset="utf-8">
<title>绘制贝塞尔曲线</title>
</head>
<body>
<canvas id="mycanvas" width="450" height="250" style="border:1px solid #d3d3d3;">
</canvas>
<script>
var canvas = document.getElementById("mycanvas");
var context = canvas.getContext("2d");
context.lineWidth = 15;
context.strokeStyle = "#df2828";

//把笔移动到起点位置
context.moveTo(30, 150);
//创建变量,保存两个控制点以及曲线终点信息
var control1_x = 187;
var control1_y = 0;
var control2_x = 430;
var control2_y = 370;
var endPointx = 365;
var endPointy = 50;
//绘制曲线
context.bezierCurveTo(control1_x, control1_y, control2_x, control2_y, endPointx, endPointy);
context.stroke();
</script>
</body>
</html>
```

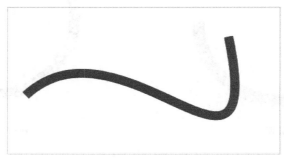

图7.12 绘制的贝塞尔曲线

7.2　更多的颜色和样式选项

在HTML5中，canvas元素用于绘制图像，它有很多属性，下面介绍如何设置canvas的样式、透明度和阴影。

7.2.1　课堂案例——用绘制的线条组合几何体动画

下面用绘制的线条组合几何体动画，如图7.13所示。

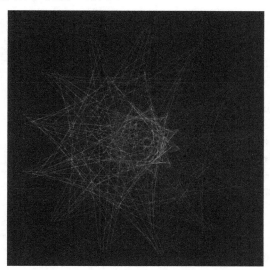

图7.13　用绘制的线条组合几何体动画

(01) 新建一个HTML5文档，在文档中输入如下代码，添加canvas元素，规定元素的id、宽度和高度，并添加链接外部的script代码，如图7.14所示。

```
<canvas id="canvas" width="100%" height="100%">
<script src="js/index.js"></script>
```

(02) 在js文件中，可以看到JavaScript代码，如图7.15所示。

图7.14　添加canvas元素和链接外部的script代码　　　　**图7.15　JavaScript代码**

JavaScript代码如下。

```
var canvas = document.querySelector("#canvas");
var ctx = canvas.getContext("2d");
var mouseX = 0;
var mouseY = 0;
```

```
var a = 0.2;
var t = 0;
var aStep = Math.PI * 0.01;
var globalHue = 0;
init();
function init() { canvas.width = window.innerWidth;
  canvas.height = window.innerHeight;
  window.addEventListener("mousemove", e => {
    mouseX = e.clientX;
    mouseY = e.clientY;
    });
  update();
}
function update() {
  requestAnimationFrame(update);
  var time = performance.now() / 60;
  a = Math.sin(2 - time * 0.0001);
  t = Math.sin(2 + time * 0.03);
  //aStep = (Math.sin(time * 0.01) + 1.5) * 0.25
  aStep = Math.PI * (0.375 + Math.sin(time * 0.001) * 0.125);
  globalHue += 10;
  draw();}
function draw() {
  ctx.fillStyle = "#000000";
  ctx.fillRect(0, 0, canvas.width, canvas.height);
  var cx = window.innerWidth / 2;
  var cy = window.innerHeight / 2;
  var x, y, px, py;
  var radius = 0, pradius = 0;
  var totalAngle = Math.PI * 200;
  for (var theta = 0; theta < totalAngle; theta += aStep) {
    pradius = radius;
    radius = (t + Math.pow(2, Math.cos(theta * a))) * 200;
    px = x;
    py = y;
    x = cx + Math.cos(theta) * radius;
    y = cy + Math.sin(theta) * radius;
    if (theta > 0) {
      ctx.beginPath();
      ctx.moveTo(x, y);
      ctx.lineTo(px, py);
      var dx = x - px;
      var dy = y - py;
      var lineSize = Math.sqrt(dx * dx + dy * dy);
      var r = pradius + (radius - pradius) / 2;
      var hue = globalHue + theta / Math.PI * 180;
      ctx.strokeStyle = "hsl(" + hue + ", 100%, 50%)";
      //ctx.lineWidth=clamp(map(r, -200, 200, 0.25, 2), 0.25, 10);
      ctx.lineWidth = .5;
      ctx.stroke();
```

```
      ctx.closePath();
    }
  }
}
function map(value, start1, stop1, start2, stop2) {
  return start2 + (stop2 - start2) * ((value - start1) / (stop1 - start1));}
function clamp(value, min, max) {
  return value < min ? min : value > max ? max : value;
}
```

7.2.2 应用不同的线型

虽然使用canvas中API可以很轻松的绘制出线条，但线条里面还有不少细节需要设置。canvas中的线型主要包括线宽、线条端点和线条拐角类型三个部分。

lineWidth：设置或返回当前的线条宽度。

lineCap：设置或返回线条的结束端点样式。

lineJoin：设置或返回两条线相交时，所创建的边角类型。

miterLimit：设置或返回最大斜接长度。

1. 设置线条宽度

canvas通过lineWidth属性来定义线条的粗细，可以为其指定一个value值来定义线条的粗细。在没有设置lineWidth的值时，默认值为1。

下面创建一个线条宽度为5的矩形边框，代码如下，效果如图7.16所示。

```
<script>
var c=document.getElementById("myCanvas");
var ctx=c.getContext("2d");
ctx.lineWidth=5;
ctx.strokeRect(20,20,80,100);
</script>
```

将lineWidth改为15，效果如图7.17所示，可以看到矩形边框的线条变粗了。

图7.16　线条宽度为5的矩形边框　　　　　　　　　　　　图7.17　线条宽度为15的矩形边框

2. 设置端点样式

在绘制线条时，lineCap属性可以控制线条端点，线条端点也称为线帽。lineCap有butt、round和square三个值，默认的值是butt。

语法：

```
lineCap = type;
```

说明如下。

butt：向线条末端添加平直的边缘。

round：向线条末端添加圆形线帽。

square：向线条末端添加正方形线帽。

不同的端点样式如图7.18所示。

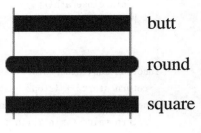

图7.18 不同的端点样式

3. 设置连接处边角类型

当两条线交汇时，lineJoin属性用于设置或返回所创建边角的类型。

语法：

```
lineJoin = type;
```

说明：设置连接处样式，type有round、bevel、
miter三个值，默认类型为miter。

round：创建圆角。

bevel：创建斜角。

miter：默认类型，创建尖角。

图7.19所示为不同的连接处边角类型。

图7.19 不同的连接处边角类型

4. 设置最大斜接长度

miterLimit属性用于设置或返回最大斜接长度。斜接长度指的是在两条线交汇处内角和外角之间的距离。

语法：

```
miterLimit = value;
```

说明：规定最大斜接长度，默认为10。当斜面的长度达到线条宽度的10
倍时，连接处边角就会变为斜角，只有当lineJoin属性为miter时，miterLimit
才有效。

图7.20所示为不同的连接处边角类型。

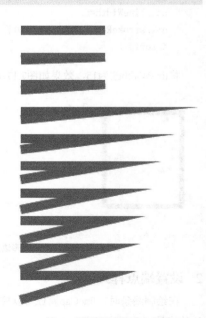

图7.20 不同的连接处边角类型

7.2.3 绘制线性渐变

线性渐变就是颜色渐变的效果，线性渐变是沿着一条直线路径，从一种颜色过渡到另外一种颜色的效果。一个线性渐变可以设置多种颜色过渡，在路径上，每种颜色都有一个不同的位置。

语法：

```
createLinearGradient(x1,y1,x2,y2);
addColorStop(position,color);
```

说明：参数x1、y1为渐变起点，x2、y2为渐变终点。

参数position表示渐变中色标的相对位置（或称"偏移值"），浮点值范围是0~1。渐变起点的偏移值为0，终点的偏移值为1。如果position值为0.5，则表示色标会出现在渐变的正中间。

本例通过调用createLinearGradient（）方法创建的线性渐变。这个方法接收起点的x坐标、起点的y坐标、终点的x坐标、终点的y坐标四个参数。调用这个方法后，颜色就会创建一个指定大小的渐变。

创建渐变对象后，使用addColorStop()方法来指定色标。这个方法接收：色标位置和CSS颜色值两个参数。色标位置是一个0（开始颜色）到1（结束颜色）之间的数字。

举例：

```html
<!doctype html>
<html>
<head>
<meta charset="utf-8">
<title>线性渐变</title>
<style>
body { background-color:#eeeeee; }
#outer  {margin-left:40px;  margin-top:40px;  }
</style>
</head>
<body>
<div id="outer">
<canvas id="canvas1" width="400" height="400">
Your browser doesn't support the canvas! Try another browser.
</canvas>
</div>
<script>
var mycanvas=document.getElementById("canvas1");
var cntx=mycanvas.getContext('2d');
var mygradient=cntx.createLinearGradient(30,30,300,300);
mygradient.addColorStop("0","#CC3");
mygradient.addColorStop(".40","#FF0");
mygradient.addColorStop(".57","#390");
mygradient.addColorStop(".82","#90C");
mygradient.addColorStop("1.0","#9FF");
cntx.fillStyle=mygradient;
cntx.fillRect(0,0,400,400);
</script>
</body>
</html>
```

每个颜色都按照从0到1的位置顺序排列，并设置了相应的颜色。即设置颜色点的范围是从0到1。canvas的尺寸为400像素×400像素，渐变为canvas上从坐标（30,30）到（300,300）的位置。在浏览器中预览，可以看到一个具有5个颜色点的线性渐变，效果如图7.21所示。

图7.21 线性渐变

7.2.4 绘制径向渐变

径向渐变颜色是从一个点向外围扩散渐变的效果。使用createRadialGradient()方法创建径向渐变。用于创建线性渐变的createLinearGradient()方法仅接收4个参数，而用于创建径向渐变的createRadialGradient()方法可以接收6个参数。最好将用于定义径向渐变的6个参数分为两组参数，每组包括3个参数，每组参数可建立一个圆的圆心和半径。只有为这两个圆设置不同的参数，才可以创建径向渐变效果。

语法：

```
context.createRadialGradient(x0,y0,r0,x1,y1,r1);
```

说明如下。

x0：渐变开始圆心的x坐标。

y0：渐变开始圆心的y坐标。

r0：开始圆的半径。

x1：渐变的结束圆心的x坐标。

y1：渐变的结束圆心的y坐标。

r1：结束圆的半径。

创建径向渐变步骤如下。

(01) 创建径向渐变对象createRadialGradient(x0,y0,r0,x1,y1,r1)。

(02) 设置渐变颜色 addColorStop(position,color)，position为从0~1之间的值，表示渐变的相对位置；color是一个有效的CSS颜色值。

(03) 设置画笔颜色为该径向渐变对象。

(04) 画图。

举例：

```
<!doctype html>
<html>
```

```
<head>
<meta charset=" utf-8 ">
<title>径向渐变</title>
<style>
body { background-color:#eeeeee; }
#outer   {margin-left:40px;
margin-top:40px;
}
</style>
</head>
<body>
<div id=" outer ">
<canvas id=" canvas1 " width=" 400 " height=" 400 ">
Your browser doesn' t support the canvas! Try another browser.
</canvas>
</div>
<script>
var mycanvas=document. getElementById(" canvas1 ");
var cntx=mycanvas. getContext(' 2d' );
var mygradient=cntx. createRadialGradient(200, 200, 10, 300, 300, 300);
mygradient. addColorStop(" 0 ", " #CC3 ");
mygradient. addColorStop(" .25 ", " #FF0 ");
mygradient. addColorStop(" .50 ", " #390 ");
mygradient. addColorStop(" .75 ", " #90C ");
mygradient. addColorStop(" 1.0 ", " #9FF ");
cntx. fillStyle=mygradient;
cntx. fillRect(0, 0, 400, 400);
</script>
</body>
</html>
```

与线性渐变一样，径向渐变也用颜色点来定义颜色渐变的分界点，用于创建径向渐变的参数定义了两个圆形，预览效果如图7.22所示。

注意：在绘制径向渐变时，可能会因为canvas的宽度或者高度设置不合适，导致径向渐变显示不完全，此时需要调整canvas的尺寸。

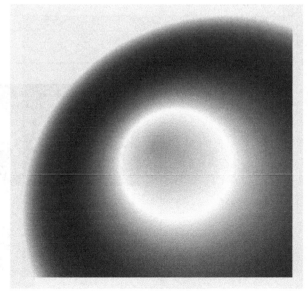

图7.22 径向渐变

7.2.5 设置图形的透明度

globalAlpha属性用于设置或返回绘图的当前透明值。

语法：

```
globalAlpha=number;
```

说明：透明值必须介于0~1之间，0为完全透明，1为不透明设置透明值后，canvas上所有内容都会变成相同的透明度。

下面绘制一个红色的矩形，然后将透明度 (globalAlpha)值设置为0.3，然后再绘制一个绿色和蓝色的矩形，绿色和蓝色矩形虽未设置透明度，但显示同红色矩形的透明度一样，如图7.23所示，其代码如下。

```
<!doctype html>
<html>
<head>
<meta charset=" utf-8 " >
<title>设置图形的透明度</title>
</head>
<body>
<canvas id=" myCanvas " width=" 300 " height=" 240 " style=" border:1px solid #F30; " >
</canvas>
<script>
var c=document.getElementById(" myCanvas " );
var ctx=c.getContext(" 2d " );
ctx.fillStyle=" red " ;
ctx.fillRect(20, 20, 150, 100);
ctx.globalAlpha=0.3;
ctx.fillStyle=" green " ;
ctx.fillRect(70, 70, 150, 100);
ctx.fillStyle=" blue " ;
ctx.fillRect(120, 120, 150, 100);
</script>
</body>
</html>
```

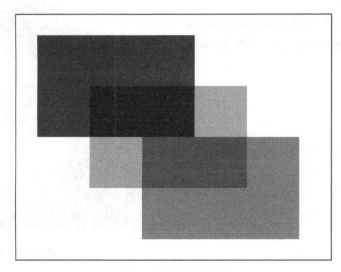

图7.23 设置图形的透明度

7.2.6 创建阴影

canvas还可以为绘制的内容添加阴影。阴影的形状与绘制对象一样。特别是给透明背景的图片加阴影时，阴影的形状会随着不透明部分形状的变化而变化。

shadowColor：设置阴影的颜色。

shadowBlur：设置阴影的模糊程度。

shadowOffsetX：设置阴影距所绘图形的水平距离。

shadowOffsetY：设置阴影距所绘图形的垂直距离。

下面为用canvas实现阴影效果的示例代码，效果如图7.24所示。

```
<!doctype html>
<html>
 <head>
    <meta charset="utf-8">
    <title>给内容添加阴影</title>
 </head>
<style type="text/css">
    body{margin:20px auto; padding:0; width:800px; }
    canvas{border:dashed 2px #CCC}
</style>
<script type="text/javascript">
    function $$(id){
        return document.getElementById(id);
    }
    function pageLoad(){
        var can = $$('can');
        var cans = can.getContext('2d');
        cans.fillStyle = 'green';
        cans.shadowOffsetX = 10;
        cans.shadowOffsetY = 10;
        cans.shadowColor = '#3333aa';
        cans.shadowBlur = 15;
        cans.fillRect(50,50,400,200);
    }
</script>
<body onload="pageLoad();">
    <canvas id="can" width="500px" height="300px"></canvas>
</body>
</html>
```

图7.24　阴影效果

7.3 变换的使用

很多时候，绘制的图形达不到我们预期的效果，这时可以适当运用图形的变换（如旋转、缩放等）创建出大量复杂多变的图形。

7.3.1 课堂案例——使用canvas元素绘制图像放大镜效果

利用canvas绘制放大镜效果，如图7.25所示。首先选择图片的一块区域并将这块区域放大，然后再绘制到原先的图片上，保证选择区域和放大区域的中心点一致。

图7.25 绘制放大镜效果

01 创建HTML5网页文档，添加canvas元素，规定元素的id、宽度和高度，并插入图片image.jpg，如图7.26所示。

```
<canvas id="canvas" width="500" height="500">
</canvas>
<img src="image.jpg" style="display: none" id="img">
```

02 获取canvas和image对象，这里使用<img>标签预加载图片，如图7.27所示。

```
var canvas = document.getElementById("canvas");
var context = canvas.getContext("2d");
var img = document.getElementById("img");
```

图7.26 添加canvas元素并插入图片   图7.27 获取canvas和image对象

③ 设置相关变量，如图7.28所示。

```
    // 图片被放大区域的中心点，也是放大镜的中心点
    var centerPoint = {};
    // 图片被放大区域的半径
    var originalRadius = 100;
    // 图片被放大区域
    var originalRectangle = {};
    // 放大倍数
    var scale = 2;
    // 放大后区域
    var scaleGlassRectangle
    centerPoint.x = 200;
    centerPoint.y = 200;
    window.onload = function () {
        addListener();
        draw();
    }
```

④ 设置背景图片，代码如下，如图7.29所示。

```
function drawBackGround() {
        context.drawImage(img, 0, 0);
    }
```

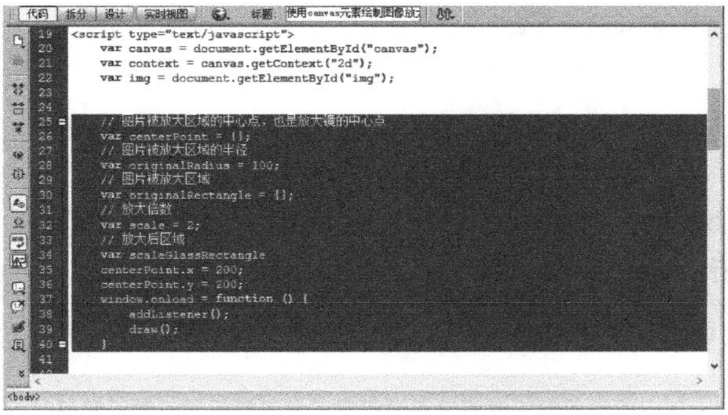

图7.28 设置相关变量

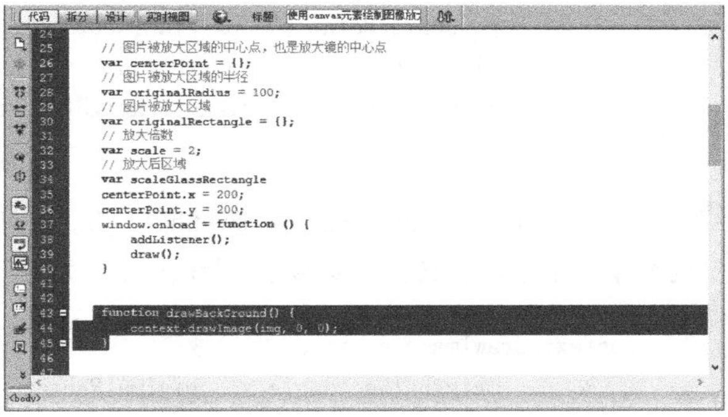

图7.29 设置背景图片

⑤ 计算图片放大区域的范围，这里把鼠标指针的位置作为放大区域的中心点，放大镜随着鼠标指针移动而移动，代码如下，如图7.30所示。

```
function calOriginalRectangle(point) {
    originalRectangle.x = point.x - originalRadius;
    originalRectangle.y = point.y - originalRadius;
    originalRectangle.width = originalRadius * 2;
    originalRectangle.height = originalRadius * 2;
}
```

⑥ 放大镜一般是圆形的，这里使用clip函数裁剪出一个圆形区域，然后在该区域中绘制放大后的图。一旦裁减了某个区域，以后所有的绘图都会限制在这个区域里，这里使用 save和restore方法清除裁剪区域的影响。save保存当前画布的状态，restore用来恢复上一次save的状态，从堆栈里弹出最顶层的状态。代码如下，如图7.31所示。

```
context.save();
context.beginPath();
context.arc(centerPoint.x, centerPoint.y, originalRadius, 0, Math.PI * 2, false);
context.clip();
···
context.restore();
```

图7.30 计算图片放大区域的范围　　　　　　　　　　　图7.31 裁剪区域

⑦ 计算放大镜区域，通过中心点、放大区域的宽、高和放大倍数，获得区域的左上角坐标以及区域的宽和高，代码如下，如图7.32所示。

```
function drawMagnifyingGlass() {
    scaleGlassRectangle = {
        x: centerPoint.x - originalRectangle.width * scale / 2,
        y: centerPoint.y - originalRectangle.height * scale / 2,
        width: originalRectangle.width * scale,
        height: originalRectangle.height * scale
    }
```

⑧ 使用context.drawImage(img,sx,sy,swidth,sheight,x,y,width,height)方法将canvas自身作为一幅图片，然后选取放大区域的图像，将其绘制到放大镜区域里，代码如下，如图7.33所示。

```
context.drawImage(canvas,
        originalRectangle.x, originalRectangle.y,
        originalRectangle.width, originalRectangle.height,
        scaleGlassRectangle.x, scaleGlassRectangle.y,
        scaleGlassRectangle.width, scaleGlassRectangle.height
        )
```

图7.32 计算放大镜区域　　　　　　　　　　　　图7.33 绘制图片

⑨ 用createRadialGradient（）来绘制渐变图像，代码如下，如图7.34所示。

```
context.beginPath();
var gradient = context.createRadialGradient(
centerPoint.x, centerPoint.y, originalRadius - 5,
centerPoint.x, centerPoint.y, originalRadius);
gradient.addColorStop(0, 'rgba(0,0,0,0.2)');
gradient.addColorStop(0.80, 'silver');
gradient.addColorStop(0.90, 'silver');
gradient.addColorStop(1.0, 'rgba(150,150,150,0.9)');
context.strokeStyle = gradient;
context.lineWidth = 5;
context.arc(centerPoint.x, centerPoint.y, originalRadius, 0, Math.PI * 2, false);
        context.stroke();  }
```

⑩ 为canvas添加鼠标移动事件，如图7.35所示。

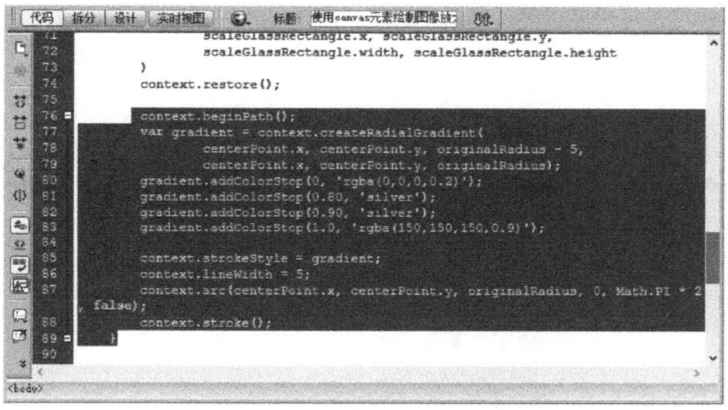

图7.34 绘制放大边缘 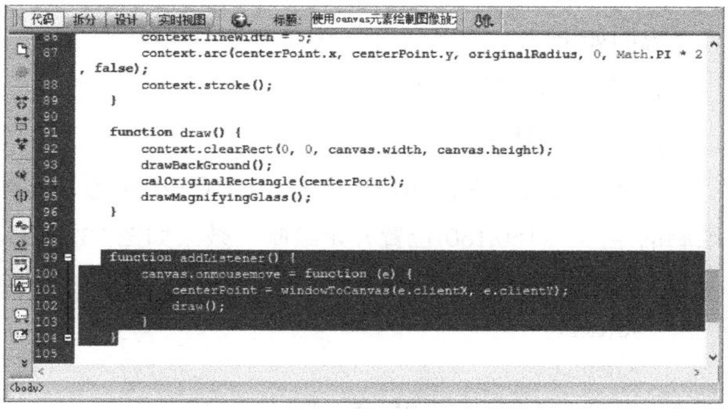　　　　　　　　　　　图7.35 为canvas添加鼠标移动事件

⑪ 转换坐标，鼠标事件获取的坐标一般为屏幕坐标或window坐标，需要将其转换为canvas坐标。getBoundingClientRect用于获取页面中某个元素的左、上、右和下相对浏览器视窗的位置。如图7.36所示。

```
function windowToCanvas(x, y) {
    var bbox = canvas.getBoundingClientRect();
    var bbox = canvas.getBoundingClientRect();
    return {x: x - bbox.left, y: y - bbox.top}
    }
```

图7.36 转换坐标

⑫ 通过CSS来修改鼠标指针样式，代码如下。

```css
#canvas {
    display: block;
    border: 1px solid red;
    margin: 0 auto;
    cursor: crosshair;
}
```

7.3.2 平移变换

translate(x,y)用来把canvas的原点移动到指定位置。平移后，画布的（0,0）坐标更换到新的（x,y）位置，所有绘制的新元素都被影响。

语法：

```
translate(x, y);
```

说明如下。

x：左右偏移量。

y：上下偏移量。

下面的代码是先在(10,10)位置处绘制一个矩形，将画布的 (0，0) 位置更换为（150,150），再次绘制矩形，再次绘制的矩形从(160,160)位置开始绘制，效果如图7.37所示。

```html
<!doctype html>
<html>
<head>
<meta charset=" utf-8 ">
<body>
<canvas id=" myCanvas " width=" 400 " height=" 300 " style=" border:1px solid #d3d3d3; ">
</canvas>
<script>
var c=document.getElementById( " myCanvas " );
var ctx=c.getContext( " 2d " );
ctx.fillRect(10, 10, 150, 120);
ctx.translate(150, 150);
ctx.fillRect(10, 10, 150, 120);
</script>
</body>
</html>
```

图7.37 平移变换

7.3.3 缩放变换

scale()方法缩小或者放大当前绘图。

语法：

```
context.scale(scalewidth,scaleheight)
```

说明如下。

scalewidth：缩放当前绘图的宽度(0.5=50%,1=100%, 2=200%，依次类推)。

scaleheight：缩放当前绘图的高度(0.5=50%,1=100%, 2=200%，依次类推)。

先绘制一个矩形，将该矩形放大到 200%，再次绘制矩形；将第2个矩形放大到 200%，第3次绘制矩形；将第3个矩形放大到 200%，第4次绘制矩形，代码如下，最终效果如图7.38所示。

```
<!doctype html>
<html>
<head>
<meta charset="utf-8">
<body>
<canvas id="myCanvas" width="300" height="220" style="border:1px solid #d3d3d3;">
</canvas>
<script>
var c=document.getElementById("myCanvas");
var ctx=c.getContext("2d");
ctx.strokeRect(10,10,25,15);
ctx.scale(2,2);
ctx.strokeRect(10,10,25,15);
ctx.scale(2,2);
ctx.strokeRect(10,10,25,15);
ctx.scale(2,2);
ctx.strokeRect(10,10,25,15);
</script>
</body>
</html>
```

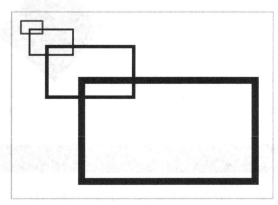

图7.38 多次绘制放大矩形

7.3.4 旋转变换

rotate()方法可旋转当前的绘图。这个方法只接受旋转角度一个参数。旋转角度的方向是顺时针方向，单位为弧度，旋转的中心是坐标原点。

语法：

```
rotate(angle);
```

说明如下。

angle：旋转角度，单位为弧度。如需将角度转换为弧度，可使用degrees*Math.pi/180公式计算。

用下面代码将矩形旋转50°，旋转前后的效果图，分别如图7.39和图7.40所示。

```
<!doctype html>
<html>
<head>
<meta charset="utf-8">
</head>
<body>
<canvas id="myCanvas" width="300" height="250" style="border:1px solid #d3d3d3;">
</canvas>
<script>
var c=document.getElementById("mycanvas");
var ctx=c.getContext("2d");
ctx.rotate(50*Math.pi/180);
ctx.fillRect(150,10,80,80);
</script>
</body>
</html>
```

图7.39 旋转前

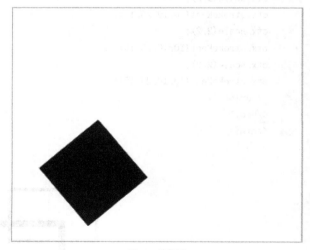

图7.40 旋转后

7.4 HTML5 SVG

SVG基于可扩展标签语言（XML），可缩放矢量图形，用于描述二维矢量图形的一种图形格式。SVG是W3C制定的二维矢量图形新格式，也是规范中的网络矢量图形标准。SVG严格遵从XML语法，并用文本格式来描述图像内容，是一种与图像分辨率无关的矢量图形格式。

7.4.1 课堂案例——制作动画

　　SVG使用文本来定义图形，这种文档结构非常适用于创建动画。若要改变图形的位置、大小和颜色，只需要调整相应的属性就可以了。事实上，为处理各种事件，SVG专门设计了相关的属性，甚至很多还是专门为动画量身定做的。

```html
<!doctype html>
<html>
<head>
<meta charset="utf-8">
<title>无标题文档</title>
</head>
<body><svg width="8cm" height="3cm"  viewBox="0 0 800 300"
  version="1.1">
  <desc>基本动画元素</desc>
  <rect x="1" y="1" width="798" height="298"
      fill="none" stroke="blue" stroke-width="2" />
  <!-- 矩形位置和动画的大小 -->
  <rect id="RectElement" x="300" y="100" width="300" height="100"
      fill="rgb(255,255,0)"  >
    <animate attributeName="x" attributeType="XML"
          begin="0s" dur="9s" fill="freeze" from="300" to="0" />
    <animate attributeName="y" attributeType="XML"
          begin="0s" dur="9s" fill="freeze" from="100" to="0" />
    <animate attributeName="width" attributeType="XML"
          begin="0s" dur="9s" fill="freeze" from="300" to="800" />
    <animate attributeName="height" attributeType="XML"
          begin="0s" dur="9s" fill="freeze" from="100" to="300" />
  </rect>
<!--创建新的用户坐标空间，所以text是从新的(0,0)开始，后续的变换都是针对新坐标系的-->
  <g transform="translate(100,100)" >
    <!-- 下面使用了set设置动画的visibility属性，然后使用animateMotion,
  animate和animateTransform执行其他类型的动画 -->
    <text id="TextElement" x="0" y="0"
        font-family="Verdana" font-size="35.27" visibility="hidden"  >
      动画播放!
      <set attributeName="visibility" attributeType="CSS" to="visible"
          begin="3s" dur="6s" fill="freeze" />
      <animateMotion path="M 0 0 L 100 100"
          begin="3s" dur="6s" fill="freeze" />
      <animate attributeName="fill" attributeType="CSS"
          from="rgb(0,0,255)" to="rgb(128,0,0)"
          begin="3s" dur="6s" fill="freeze" />
      <animateTransform attributeName="transform" attributeType="XML"
          type="rotate" from="-30" to="0"
          begin="3s" dur="6s" fill="freeze" />
      <animateTransform attributeName="transform" attributeType="XML"
          type="scale" from="1" to="3" additive="sum"
          begin="3s" dur="6s" fill="freeze" />
    </text>
```

```
    </g>
  </svg>
</body>
</html>
```

本示例包含了SVG中几种最基本的动画，预览效果如图7.41所示。

图7.41 动画播放效果

7.4.2 SVG概述

SVG允许三种类型的图形对象：矢量图形（如由直线和曲线组成的路径）、图像和文本。可以将图形对象分组、样式化、转换和组合到以前呈现的对象中。SVG功能集包括嵌套转换、剪切路径、alpha蒙版和模板对象。

SVG绘图是交互式和动态的。例如，可使用脚本来定义和触发动画，这一点比Flash的功能更强。Flash是二进制文件，动态创建和修改都比较困难，而SVG是文本文件，动态操作是比较容易的。

SVG与其他Web标准兼容，并支持文档对象模型DOM。这一点比HTML5中的canvas功能更强。因而，可以很方便地使用脚本实现SVG的很多高级应用。

与其他图像格式（如JPEG和GIF）相比，SVG的优势有以下几点。

● SVG图像可通过文本编辑器来创建和修改文件。

● SVG图像可被搜索、索引、脚本化或压缩。

● SVG是可伸缩的。

● SVG图像可在任何分辨率下高质量打印。

● SVG可在图像质量不下降的情况下放大。

7.4.3 绘制图形

SVG提供了很多的基本形状，这些形状可以直接使用。

1. 圆形<circle >

circle元素的属性很简单，主要是定义圆心和半径。如果省略cx和cy，圆心会被设置为（0,0）。

r：圆的半径。

cx：圆心坐标x值。

cy：圆心坐标y值。

举例：

```
<!doctype html>
<html>
<head>
<meta charset="utf-8">
<title>绘制图形</title>
</head>
<body>
```

```
  <svg width="100%" height="100%" >
  <circle cx="300" cy="100" r="80" stroke="#ff0" stroke-width="3" fill="green" />
    </svg>
</body>
</html>
```

在本示例中绘制了一个绿色的圆形，描边为黄色，
在浏览器中预览，效果如图7.42所示。

图7.42 绘制圆形

SVG还可以绘制预定义的基础图形矩形<rect>、椭圆<ellipse>、线条<line>、折线<polyline>、多边形<polygon>。

2. 矩形<rect>

SVG的rect元素定义了一个矩形，可以通过添加几个属性来控制它的大小、颜色和边角圆角等。

● x：定义矩形左上角点的x坐标。

● y：定义矩形左上角点的y坐标。

● rx：定义矩形四个圆角的x半径。

● ry：定义矩形四个圆角的y半径。

● width：定义矩形的宽度。

● height：定义矩形的高度。

举例：

```
  <svg width="300px" height="150px">
    <rect x="20" y="20" width="250px" height="125px" rx="5" ry="5" fill="teal" />
  </svg>
```

在浏览器中浏览，效果如图7.43所示。

图7.43 绘制矩形

3. 椭圆<ellipse>

定义椭圆只需要在圆形的基础上增加一个属性。

● cx：椭圆中心点的x坐标。

● cy：椭圆中心点的y坐标。

● rx：定义椭圆的水平半径。

● ry：定义椭圆的垂直半径。

椭圆在*x*轴和*y*轴半径不同，有rx和ry，与圆形的半径r相对应。

举例：

```
<svg width="300px" height="300px">
  <ellipse cx="150" cy="150" rx="100" ry="75" fill="blue" />
</svg>
```

在浏览器中浏览，效果如图7.44所示。

图7.44 绘制椭圆

4. 线条<line>

SVG的line元素可以很方便地绘制线条，只需要定义线条的起点和终点，浏览器会帮你做好计算，创建出实际的直线。

● x1：定义直线起点的x坐标。

● y1：定义直线起点的y坐标。

● x2：定义直线终点的x坐标。

● y2：定义直线终点的y坐标。

举例：

```
<svg width="300px" height="250px">
  <line x1="100" y1="200" x2="250" y2="50" stroke="#000" stroke-width="5" />
</svg>
```

在浏览器中浏览，效果如图7.45所示。

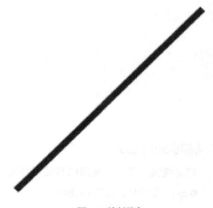

图7.45 绘制线条

5. 折线<polyline>

折线是一组相互连接的直线的集合。SVG使用points属性来定义需要的坐标点来创建折线。

举例：

```
<svg width="300px" height="300px">
  <polyline points="10 10, 50 50, 75 175, 175 150, 175 50, 225 75, 225 150, 300 150"
fill="none" stroke="#000"/>
</svg>
```

上面的代码有几点需要注意。首先每组坐标点都使用逗号分隔，另外除了第一个点和最后一个点，每个坐标点都代表一条线段的终点以及另一条线段的起点。在浏览器中浏览，效果如图7.46所示。

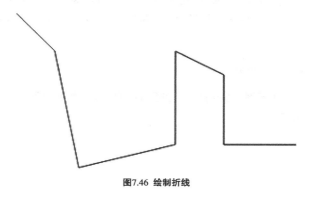

图7.46 绘制折线

6. 多边形<polygon>

多边形元素和折线相似，但它会在最后使线条自动闭合，形成一个图形。

举例：

```
<svg width="300px" height="200px">
  <polygon points="10 10, 50 50, 75 175, 175 150, 175 50, 225 75, 225 150, 300 150" fill="red"
stroke="#000"/>
</svg>
```

和折线一样，多边形也用逗号来分隔每一组坐标点。即使我们没有明确设置线条闭合，它都会在最后一个点和第一个点之间绘制一条直线来闭合图形。在浏览器中浏览，效果如图7.47所示。

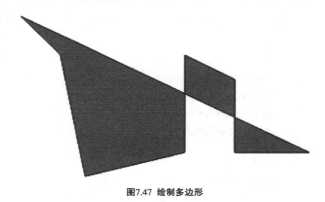

图7.47 绘制多边形

7.4.4 文本与图像

SVG的强大功能之一是它控制文本的标准HTML页面达不到的程度，且无须求助图像或其他插件。任何可以在形状或路径上执行的操作都可以在文本上执行。虽然SVG的文本渲染如此强大，但是还有一个不足之处——SVG不能执行自动换行。如果文本比允许的空间长，则SVG将它简单切断。多数情况下，创建多行文本需要多个文本元素。

举例：

```
<!doctype html>
```

```
<html>
<head>
<meta charset="utf-8">
<title>文本图像</title>
</head>
<body>
<svg>
<rect width="300" height="200" fill="red" />
<circle cx="150" cy="100" r="80" fill="blue" />
<text x="150" y="125" font-size="60" text-anchor="middle" fill="white">文本图像</text>
</svg>
</body>
</html>
```

本示例讲述直接显示在图片中的文本，效果如图7.48
所示。

图7.48 文本图像

7.4.5 笔画与填充

填充色fill属性用来设置填充图形内部的颜色，使用很简单，把颜色值直接赋给这个属性就可以了。
举例：

```
<!doctype html>
<html>
<head>
<meta charset="utf-8">
<title>笔画与填充</title>
</head>
<body>
<svg width="160" height="140">
    <line x1="40" x2="120" y1="20" y2="20" stroke="red" stroke-width="20" stroke-linecap="butt" />
    <line x1="40" x2="120" y1="60" y2="60" stroke="green" stroke-width="20" stroke-linecap="square" />
    <line x1="40" x2="120" y1="100" y2="100" stroke="blue" stroke-width="20" stroke-linecap="round" />
</svg>
</body>
</html>
```

这段代码绘制了不同风格线端点的3条线，效果如图7.49所示。

图7.49 笔画与填充效果

7.4.6 课堂练习——绘制精美时钟

前面学习了HTML5绘图的基本知识，本节讲述如何绘制精美时钟，效果
如图7.50所示。

图7.50 绘制精美时钟

```
<!doctype html>
<html>
<head>
<meta charset="utf-8">
<title>canvas钟表</title>
<meta name="Keywords" content="">
<meta name="author" content="@my_programmer">
<style type="text/css">
body{margin:0;}
</style>
</head>
<body onload="run()">
<canvas id="canvas" width=400 height=400 style="border: 1px #ccc solid;">如果你看到这段文字，说
明你的浏览器"弱爆"了！</canvas>
<script>
window.onload=draw;
function draw() {
var canvas=document.getElementById('canvas');
var context=canvas.getContext('2d');
context.save();//保存
context.translate(200,200);
var deg=2*Math.PI/12;
//表盘
context.save();
context.beginPath();
for(var i=0;i<13;i++){
```

```
var x=Math.sin(i*deg);
var y=-Math.cos(i*deg);
context.lineTo(x*150,y*150);}
var c=context.createRadialGradient(0,0,0,0,0,130);
c.addColorStop(0,"#360");
c.addColorStop(1,"#6C0")
context.fillStyle=c;
context.fill();
context.closePath();
context.restore();
//数字
context.save();
context.beginPath();
for(var i=1;i<13;i++){
var x1=Math.sin(i*deg);
var y1=-Math.cos(i*deg);
context.fillStyle="#fff";
context.font="bold 20px Calibri";
context.textAlign='center';
context.textBaseline='middle';
context.fillText(i,x1*120,y1*120);}
context.closePath();
context.restore();
//大刻度
context.save();
context.beginPath();
for(var i=0;i<12;i++){
var x2=Math.sin(i*deg);
var y2=-Math.cos(i*deg);
context.moveTo(x2*148,y2*148);
context.lineTo(x2*135,y2*135);}
context.strokeStyle='#fff';
context.lineWidth=4;
context.stroke();
context.closePath();
context.restore();
//小刻度
context.save();
var deg1=2*Math.PI/60;
context.beginPath();
for(var i=0;i<60;i++){
var x2=Math.sin(i*deg1);
var y2=-Math.cos(i*deg1);
context.moveTo(x2*146,y2*146);
context.lineTo(x2*140,y2*140); }
context.strokeStyle='#fff';
context.lineWidth=2;
context.stroke();
context.closePath();
context.restore();
```

```
///文字
context.save();
context.strokeStyle="#fff";
context.font='  34px sans-serif';
context.textAlign='center';
context.textBaseline='middle';
context.strokeText('精美时钟',0,65);
context.restore();
// 定义日期
var time=new Date();
var h=(time.getHours()%12)*2*Math.PI/12;
var m=time.getMinutes()*2*Math.PI/60;
var s=time.getSeconds()*2*Math.PI/60;
//时针
context.save();
context.rotate( h + m/12 + s/720 );
context.beginPath();
context.moveTo(0,6);
context.lineTo(0,-85);
context.strokeStyle="#fff";
context.lineWidth=6;
context.stroke();
context.closePath();
context.restore();
//分针
context.save();
context.rotate( m+s/60 );
context.beginPath();
context.moveTo(0,8);
context.lineTo(0,-105);
context.strokeStyle="#fff";
context.lineWidth=4;
context.stroke();
context.closePath();
context.restore();
///秒针
context.save();
context.rotate( s );
context.beginPath();
context.moveTo(0,10);
context.lineTo(0,-120);
context.strokeStyle="#fff";
context.lineWidth=2;
context.stroke();
context.closePath();
context.restore();
context.restore();//栈出
setTimeout(draw, 1000);//计时器
}
</script>
```

```
    </body>
    </html>
```

7.5 课后习题

1. 填空题

（1）HTML5的＿＿＿＿＿＿＿元素使用JavaScript在网页上绘制图像。画布是一个矩形区域，可以控制区域内的每个像素。＿＿＿＿＿＿＿拥有多种绘制路径、矩形、圆形、字符，以及添加图像的方法。

（2）canvas元素要求至少设置＿＿＿＿＿＿＿和＿＿＿＿＿＿＿属性，以指定要创建的绘图区域大小。

（3）＿＿＿＿＿＿＿是计算机图形学中非常重要的参数曲线，在一些比较成熟的位图软件中也有贝塞尔曲线工具，如Photoshop。

（4）＿＿＿＿＿＿＿允许三种类型的图形对象：矢量图形（如由直线和曲线组成的路径）、图像和文本。

2. 操作题

使用SVG绘制图7.51所示的形状。

图7.51 绘制形状

第**8**章

CSS语言基础

内容摘要

CSS样式可以将网页制作得更加绚丽多彩。CSS技术可以更精确地控制页面的布局、字体、颜色、背景和其他效果。CSS不仅可以做出令用户赏心悦目的网页，还能给网页添加许多特效。

课堂学习目标

- 掌握CSS基本语法
- 掌握在HTML中添加CSS的方法
- 掌握基本CSS选择器的用法

8.1 CSS入门

CSS（Cascading Style Sheet，层叠样式表）是一种制作网页的新技术，现在大多数浏览器所已经支持CSS。CSS成为网页设计必不可少的工具之一。

8.1.1 认识CSS

网页最初是用HTML标签来定义页面的文档和格式，如标题标签<hl>、段落标签<p>、表格<table>标签等，但这些标签不能满足文档样式多样化的需求。为了解决这个问题，W3C在1997年颁布HTML4标准的同时，也公布了有关样式表的第一个标准CSS1。自CSS1的版本之后，又在1998年5月发布了CSS2标准，样式表得到了更多的补充和完善。CSS能够简化网页的格式代码，加快页面加载的速度，减少需要上传的代码数量，大大减少了重复劳动。

样式表的首要目的是精确定位网页上的元素。其次，它可以分离网页上的内容结构和格式控制。为了让用户更好地看到网页上的内容结构，就要通过格式控制来实现。分离内容结构和格式控制，可以使网页可以仅由内容构成，而将所有网页的格式通过CSS样式表文件来控制。

CSS主要有以下优点。

● CSS可以很方便地制作和管理网页。

● CSS可以更加精确地控制网页的内容形式。<font>标签中的size属性可以控制文字的大小，但它控制的文字的大小只有7级，如果出现需要使用10像素或100像素字体的情况，<font>标签就无能为力了。CSS可以随意设置文字的大小。

● CSS样式比HTML更加丰富，如滚动条样式的定义、鼠标指针样式的定义等。

● CSS的定义样式灵活多样，可以根据不同的情况，选用不同的定义方法。例如，可以在HTML文件内部定义，可以分标签定义、分段定义，也可以在HTML文件外部定义，CSS的定义样式基本上能满足使用需要。

8.1.2 CSS的基本语法

CSS的语法结构由选择符、样式属性和值3部分组成，基本语法如下：

选择符{样式属性：取值；样式属性：取值；样式属性：取值；… }

选择符（selector）指这组样式编码针对的对象，可以是一个XHTML标签，如body、hl；也可以是定义了特定ID或class的标签，如#lay选择符表示选择<div id=lay>，即一个被指定了lay为ID的对象。浏览器对CSS选择符进行严格地解析，每一组样式均会被浏览器应用到对应的对象上。

属性（property）是CSS样式控制的核心，对于每一个XHTML中的标签，CSS都提供了丰富的样式属性，如颜色、大小、定位、浮动方式等。

值（value）是指属性的值，形式有两种，一种是指定范围的值，如 oat属性，只能使用left、right、none三种值；另一种为数值，如width能够使用0～9999像素，或其他数学单位来指定。

在实际应用中，往往使用类似下面的应用形式：

body {background-color: red}

语法表示选择符为body，即选择了页面中的<body>标签；属性为background-color，用来控制对象的背景色，值为red，页面中body对象的背景色被定义为红色。

除了单个属性的定义，一个标签还可以定义一个或多个属性，每个属性之间用分号隔开。

8.2 基本CSS选择器

选择器（selector）是CSS中很重要的概念，HTML语言中所有的标签都是通过不同的CSS选择器进行控制的。用户只需要用选择器对不同的HTML标签进行控制，并赋予各种样式声明，即可实现各种效果。CSS中有不同类型的选择器，基本选择器有标签选择器、类选择器和ID选择器3种，下面详细介绍。

8.2.1 标签选择器

一个完整的HTML页面是由很多不同的标签组成。标签选择器直接将HTML标签作为选择器，可以是p、h1、dl、strong等HTML标签，如p选择器，下面代码就是用来声明页面中所有<p>标签的样式风格。

```
p{
font-size:14px;
color:#093;
}
```

这段代码声明了页面中所有的<p>标签，文字大小均是14像素，颜色为#093（绿色）。如果后期想改变整个网站中<p>标签文字的颜色，修改color属性即可。

每一个CSS选择器都包括选择器本身、属性和值，其中属性和值可以设置多个，从而可以对一个标签声明多种样式风格，如图8.1所示。

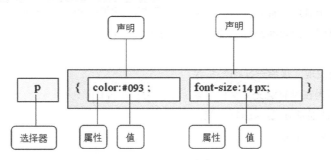

图8.1 CSS标签选择器

8.2.2 类选择器

标签选择器一旦声明，则页面中所有的该标签都会发生相应的变化，如声明了<p>标签为红色时，页面中所有的<p>标签都将显示为红色。如果想把其中某一个标签改成蓝色，仅依靠标签选择器是远远不够的，还需要引入类（class）选择器。

类选择器能够把相同的元素分类定义成不同的样式，XHTML标签均可以使用class=" "的形式对类进行名称指派。定义类选择器时，在自定义类的名称前面要加一个"."号。

类选择器的名称由用户定义，属性和值与标签选择器一样，也必须符合CSS规范，如图8.2所示。

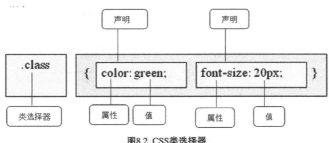

图8.2 CSS类选择器

例如，当页面同时出现3个<p>标签时，如果想让它们的颜色各不相同，可以设置不同的类选择器来实现。案例代码如下所示。

```
<!doctype html>
<html>
<head>
<meta charset=" utf-8 ">
<title>类选择器</title>
<style type=" text/css ">
.red{ color:red; font-size:18px;}
.green{ color:green; font-size:22px;}
</style>
</head>
<body>
<p class=" red ">选择器1</p>
<p class=" green ">选择器2</p>
<h2 class=" green ">h2同样适用</h2>
</body>
</html>
```

在浏览器中显示的效果如图8.3所示。从图8.3中可以看到两个<p>标签呈现出不同的颜色和文字大小，而且任何一个类选择器都适用于所有HTML标签，只需要用HTML标签的class属性声明即可，例如<h2>标签同样适用了.green这个类别。

仔细观察上面的例子还会发现，最后一行<h2>标签显示效果为文字加粗，这是因为在没有定义文字粗细属性的情况下，浏览器采用默认的显示方式，<p>标签默认为正常粗细，<h2>标签默认为文字加粗。

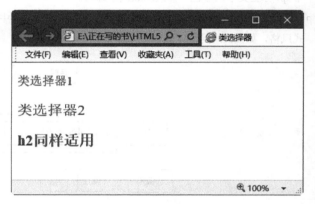

图8.3 类选择器实例

8.2.3 ID选择器

在HTML页面中，ID参数指定某一个元素，ID选择器是用来单独定义这个单一元素的样式。网页中的每一个标签均可以使用"id=" ""的形式对ID属性进行名称的指派。ID可以理解为一个标识，每个标识只能用一次。在定义ID选择器时，要在ID名称前加上"#"号。

ID选择器的使用方法跟类选择器基本相同，不同之处是ID选择器只能在HTML页面中使用一次，其针对性更强。在HTML的标签中只需要利用ID属性，就可以直接调用CSS中的ID选择器，其格式如图8.4所示。

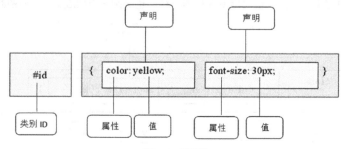

图8.4 ID选择器

类选择器和ID选择器一般情况下是区分英文字母大小写的，这取决于文档的语言。HTML和XHTML将类和ID值定义为区分英文字母大小写，所以类和ID值的英文字母大小写必须与文档中的相应值匹配。

举例：

```
<!doctype html>
<html>
<head>
<meta charset=" utf-8 ">
<title>选择器</title>
<style type=" text/css ">
<!--
#one{
    font-weight:bold;/* 粗体 */
}
#two{
    font-size:30px;              /* 文字大小 */
    color:#009900;              /* 颜色 */
}
-->
</style>
</head>
<body>
    <p id=" one ">ID选择器1</p>
    <p id=" two ">ID选择器2</p>
    <p id=" two ">ID选择器3</p>
    <p id=" one two ">ID选择器3</p>
</body>
</html>
```

在浏览器中显示的效果如图8.5所示，ID选择器可以用于多个标签，每个标签定义的ID不仅可以被CSS可调用，JavaScript等其他脚本语言同样也可以调用。

正因为JavaScript等脚本语言也能调用HTML中设置的ID，所以ID选择器一直被广泛地使用。网站建设者在编写CSS代码时，应该养成良好的编写习惯，一个ID只赋予一个HTML标签。

另外，从图8.5可以看到，最后一行文字没有显示任何CSS样式风格，这意味着ID选择器不像类选择器那样的同时支持使用多种风格，类似"id="one two""的写法是完全错误的。

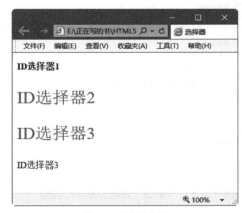

图8.5　ID选择器实例

8.3　在HTML中添加CSS的方法

在HTML中添加CSS有内嵌样式表、行内样式、链接外部样式表和导入外部样式表4种方法。下面分别介绍各种方法。

8.3.1 课堂案例——为网页添加CSS样式

下面通过具体实例来讲述如何为网页添加CSS样式，具体操作步骤如下。

(01) 打开网页文档，如图8.6所示。

(02) 选中应用CSS样式的文本后右击，在弹出的菜单中选择"新建"选项，如图8.7所示，弹出"新建CSS规则"对话框。

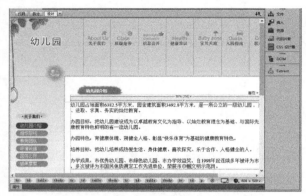

图8.6 打开网页文档

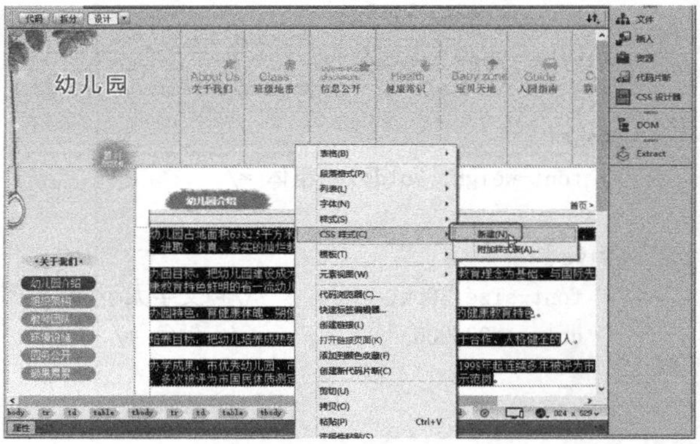

图8.7 选择"新建"选项

(03) 在"新建CSS规则"对话框中设置"选择器类型"为"类（可用于任何HTML元素）"，在"选择器名称"文本框中输入.yangshi，设置"规则定义"为"（仅限该文档）"，如图8.8所示。

(04) 单击"确定"按钮，弹出".yangshi的CSS规则定义"对话框，在对话框中将"Font-family（F）"设置为"宋体"，"Font-size（S）"设置为12px，"Line-height（T）"设置为200%，"color（C）"设置为#A2770F，如图8.9所示。

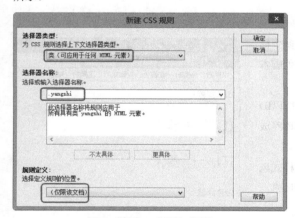

图8.8 "新建CSS规则"对话框

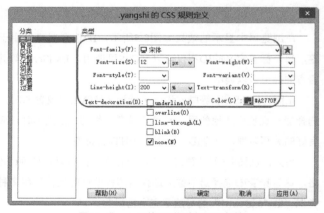

图8.9 ".yangshi的CSS规则定义"对话框

(05) 单击"确定"按钮，新建样式，其CSS代码如下，如图8.10所示。

```css
.yangshi {font-family: "宋体";
    font-size: 12px;
    line-height: 200%;
    color: #A2770F;
    text-decoration: none;}
</style>
```

06 打开"属性"面板，在面板中单击 "目标规则"文本框右侧下拉按钮，在弹出的菜单中选择新建的样式，如图8.11所示。

图8.10　新建样式

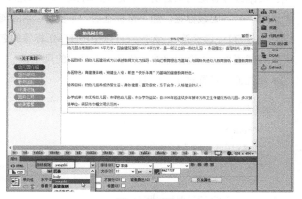

图8.11　应用样式

07 保存文档，按F12键在浏览器中预览，效果如图8.12所示。

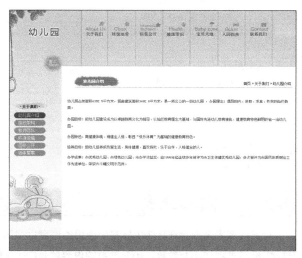

图8.12　预览效果

8.3.2　内嵌样式表

内嵌样式表一般位于HTML文件的头部，即<head>与</head>标签内，并且以<style>标签开始，以</style>标签结束。

内嵌样式表允许在其应用的HTML文档的顶部设置样式，然后在整个HTML文件中直接调用该样式，这些定义的样式就应用到页面中了。

语法：

```
<style type="text/css">
<!--
选择符1（样式属性：属性值；样式属性：属性值；…）
选择符2（样式属性：属性值；样式属性：属性值；…）
选择符3（样式属性：属性值；样式属性：属性值；…）
…
选择符n（样式属性：属性值；样式属性：属性值；…）
-->
```

说明如下。

01 <style>标签是用来说明所要定义的样式，type属性是指以CSS的语法定义。

02 <!----->隐藏标签。加上该标签后，不支持CSS的浏览器会自动跳过此段内容，避免一些错误。

03 选择符1…选择符n。选择符可以使用HTML标签的名称，所有的HTML标签都可以作为选择符。

04 样式属性。主要用来格式化显示选择符的风格。

05 属性值。设置对应属性的值。

举例：

```
<head>
<style type=" text/css ">
<!--
body {
    margin-left: 0px;
    margin-top: 0px;
    margin-right: 0px;
    margin-bottom: 0px;
}
.style1 {
    color: #fbe334;
    font-size: 13px;
}
-->
</style>
</head>
```

8.3.3 行内样式表

行内样式表是混合在HTML标签中使用的，可以很简单地对某个元素单独定义样式。行内样式表的使用是直接在HTML标签里添加style参数，style参数的内容就是CSS的样式属性和属性值，在style参数引号中的内容相当于在样式表大括号中的内容。

语法：

```
< style=" 样式属性：属性值;样式属性：属性值… ">
```

说明如下。

01 标签：HTML标签，如<body>、<table>、<p>等。

02 标签的style定义只能影响标签本身。

03 style的多个属性之间用分号分隔。

04 标签本身定义的style优先于其他所有样式。

虽然这种方法比较直接，但是在制作页面的时候需要为很多标签设置style属性，会导致HTML页面杂乱，文件体积过大，不利于搜索，近而导致后期维护成本升高。因此不推荐使用行内样式表。

举例：

```
<table style=color:red; margin-right: 120px>
这是个表格
</p>
```

8.3.4 链接外部样式表

链接外部样式表是在网页中调用已经定义好的样式表来实现样式表的应用，在页面中用<link>标签链接到定义好的样式表文件，<link>标签必须放在页面的<head>标签内。这种方法适合大型网站的CSS样式定义。

语法：

```
<link type="text/css" rel="stylesheet"  href="外部样式表的文件名称">
```

说明如下。

(01) 链接外部样式表时，不需要使用style元素，只需直接把<link>标签放在<head>标签中就可以了。

(02) 同样，外部样式表的文件名称是要嵌入的样式表文件名称，拓展名为.css。

(03) CSS文件一定是纯文本格式。

(04) 在修改外部样式表时，所有引用它的外部页面也会自动更新。

(05) 外部样式表中的URL对应样式表文件在服务器上的位置。

(06) 外部样式表的优先级低于内部样式表。

(07) 可以同时链接几个样式表，靠前的样式表优先显示。

举例：

```
<head>
...
<link rel=stylesheet type=text/css href=slstyle.css>
...
</head>
```

上面示例表示浏览器从slstyle.css文件中以文档格式读取定义的样式表。rel=stylesheet是指在页面中使用外部样式表，type=text/css是指文件的类型是样式表文件，href=slstyle.css是文件所在的位置。

一个外部样式表文件可以应用于多个页面。当改变样式表文件时，所有应用该样式表文件的页面样式都随着改变。在制作大量有相同样式页面的网站时，它非常好用，不仅减少了重复的工作量，还有利于以后的修改、编辑，浏览时也不会重复下载代码。

8.3.5 导入外部样式表

导入外部样式表是指在内部样式表的<style>里导入一个外部样式表，导入时用@import。

语法：

```
<style type=text/css>
@import url("外部样式表的文件名称");
</style>
```

说明如下。

(01) import语句后一定要加上";"。

(02) 外部样式表的文件名称是要嵌入的样式表文件的名称，拓展名为.css。

(03) @import应该放在style元素的其他样式规则前面。

举例：

```
<head>
<style type=text/css>
```

```
<!-
@import slstyle.css
其他样式表的声明
-->
</style>
</head>
```

此例中@import slstyle.css表示导入slstyle.css样式表，外部样式表的路径、方法和链接外部样式表的方法类似，但导入的外部样式表相当于在内部样式表中，输入方式更有优势。

8.3.6 课堂练习——设计一个样式

通过对CSS基本知识的了解和认识，下面将通过具体实例来讲述如何在网页中添加CSS样式的应用，具体步骤如下。

01 打开网页文档，如图8.13所示。

02 执行"窗口"|"CSS设计器"命令，打开"CSS设计器"面板，在面板中单击■按钮，在弹出的菜单中选择"附加现有的CSS文件"选项，如图8.14所示，弹出"使用现有的CSS文件"对话框。

图8.13 打开网页文档　　　　　　　　　　图8.14 选择"附加现有的CSS文件"选项

03 在对话框中单击"浏览"按钮，如图8.15所示。

04 弹出"选择样式表文件"对话框，在对话框中选择需要应用的样式，如图8.16所示。

图8.15 "使用现有的CSS文件"对话框　　　　　图8.16 "选择样式表文件"对话框

单击"确定"按钮，添加到文本框中，如图8.17所示。

 单击"确定"按钮，链接CSS样式，效果如图8.18所示。

07 链接的CSS代码如图8.19所示。其代码如下。

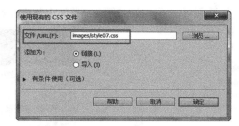

图8.17　"使用现有的CSS文件"对话框

```css
@charset " gb2312 ";
/* 以下是一些默认样式 */
/* body样式 */
body {
  margin-left: 0px;
  margin-top: 0px;
  margin-right: 0px;
  margin-bottom: 0px;
  background-color:#E5E5E5;
  /*background-image: url(../images/back.gif);*/
  /* 自定义滚动条
  scrollbar-face-color: #f892cc; //滚动条凸出部分的颜色
  scrollbar-highlight-color: #f256c6; //滚动条空白部分的颜色
  scrollbar-shadow-color: #fd76c2; //立体滚动条阴影的颜色
  scrollbar-3dlight-color: #fd76c2; //滚动条亮边的颜色
  scrollbar-arrow-color: #fd76c2; //上下按钮上三角箭头的颜色
  scrollbar-track-color: #fd76c2; //滚动条的背景颜色
  scrollbar-darkshadow-color: #f629b9; //滚动条强阴影的颜色
  scrollbar-base-color: #e9cfe0; //滚动条的基本颜色*/
}
```

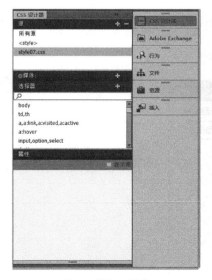

图8.18　链接CSS样式

图8.19　CSS样式

155

08 保存文档，按F12键在浏览器中预览，效果如图8.20所示。

图8.20 为网页添加CSS样式效果

8.4 课后习题

1. 填空题

（1）CSS的语法结构仅由_____、_____、_____3部分组成。

（2）在CSS中，有不同类型的选择器，基本选择器有_____、_____和_____。

（3）HTML中添加CSS有_____、_____、_____、_____4种方法。

（4）_____一般位于HTML文件的头部，即<head>与</head>标签内，并且以<style>标签开始，以</style>标签结束。

2. 操作题

（1）详细概述在HTML中使用CSS的方法。

（2）给网页添加CSS样式效果，如图8.21所示。

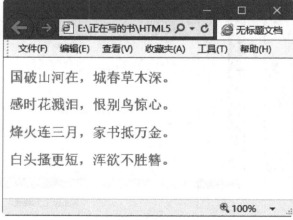

图8.21 给网页添加CSS

第 **9** 章

设置CSS基本样式

--- 内容摘要 ---

应用CSS样式定义可以将网页制作得更加绚丽多彩。CSS技术可以更加精确地控制页面的布局、字体、颜色、背景和其他效果。用CSS不仅可以做出赏心悦目的网页，还能给网页添加许多特效。

--- 课堂学习目标 ---

- 掌握字体属性
- 掌握段落属性
- 掌握颜色及背景属性
- 掌握列表属性

9.1 字体属性

第4章中已经介绍了网页中常见的文字标签，下面以CSS样式定义的方法来介绍文字的设置。使用CSS定义的文字样式更加丰富，实用性更强。

9.1.1 课堂案例——使用CSS美化字体样式

文字是人类语言最基本的表达方式，文本的控制与布局在网页设计中占了很大比例，文本与段落可以说是网页最重要的组成部分。

01 用Dreamweaver打开网页文档，如图9.1所示。

02 选中文字"《望天门山》"，如图9.2所示。

图9.1 打开网页文档　　　　　　　　　　　　　图9.2 选中文字

03 在"属性"面板中设置字体为黑体，大小为18像素，颜色为#F30，如图9.3所示。设置完毕，其CSS代码如下。

```
<span style="font-size: 18px; color: #F30; font-style: normal; font-weight: bolder;">
《望天门山》</span>
```

04 选中古诗正文文字，并设置文字字体、大小和颜色，如图9.4所示。

```
<span style="font-size: 16px">天门中断楚江开，碧水东流至此回。<br>
两岸青山相对出，孤帆一片日边来。</span>
```

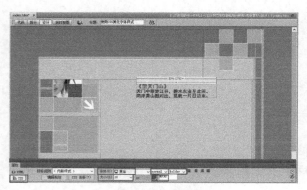

图9.3 设置字体、大小和颜色

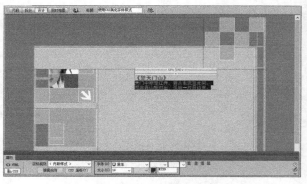

图9.4 设置古诗正文文字样式

05 保存文档，在浏览器中预览，效果如图9.5所示。

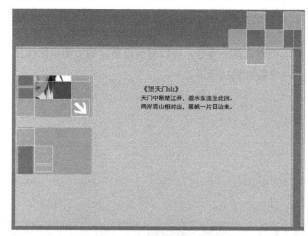

图9.5　用CSS设置网页文字样式

9.1.2　字体font-family

在HTML中，设置文字的字体属性需要使用<font>标签中的face属性，而在CSS中则使用font-family属性。

语法：

```
font-family: "字体1", "字体2";…
```

说明：

如果在font-family属性中定义了多种字体，浏览器会由前向后选择字体。即当浏览器不支持"字体1"时，则会采用"字体2"；如果不支持"字体1"和"字体2"，则采用"字体3"，以此类推。如果浏览器不支持font-family属性中定义的所有字体，则会采用系统默认的字体。

举例：

```
<!doctype html>
<html>
<head>
<meta http-equiv="content-type" content="text/html; charset=gb2312" />
<title>设置字体</title>
<style type="text/css">
<!--
.h {
font-family: "宋体";
}
-->
</style>
</head>
<body>
<p class="h">好雨知时节，当春乃发生。</p>
 <p class="h">随风潜入夜，润物细无声。</p>
 <p class="h">野径云俱黑，江船火独明。</p>
 <p class="h">晓看红湿处，花重锦官城。</p>
</body>
</html>
```

在此段代码中，首先在<head></head>标签之间，用<style>标签定义了h标签中字体的font-family属性为宋体，在浏览器中预览，可以看到段落中的文字以宋体显示，效果如图9.6所示。

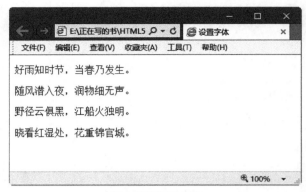

好雨知时节，当春乃发生。

随风潜入夜，润物细无声。

野径云俱黑，江船火独明。

晓看红湿处，花重锦官城。

图9.6 设置字体为宋体

9.1.3 字号font-size

在HTML中，文字的大小是由<font>标签中的size属性来控制的。在CSS中可以使用font-size属性来自由控制文字的大小。

语法：

```
font-size:大小的取值
```

说明如下。

font-size的取值范围如下。

xx-small：绝对文字尺寸，最小。

x-small：绝对文字尺寸，较小。

small：绝对文字尺寸，小。

medium：绝对文字尺寸，正常默认值。

large：绝对文字尺寸，大。

x-large：绝对文字尺寸，较大。

xx-large：绝对文字尺寸，最大。

larger：相对文字尺寸，相对于父对象中文字的尺寸增大。

smaller：相对文字尺寸，相对于父对象中文字的尺寸减小。

length：可采用百分比或长度值，不可为负值，百分比取值基于父对象中文字的尺寸。

举例：

```
<!doctype html>
<html>
<head>
<meta charset="utf-8">
<title>设置字号</title>
<style type="text/css">
<!--
.h1 {
    font-family: "宋体";
    font-size: 14px;
}
.h2 {
    font-family: "宋体";
```

```
        font-size: 16px;
    }
    .h4 {
        font-family: "宋体";
        font-size: 24px;
        }
    -->
</style>
</head>
<body>
<p>好雨知时节，当春乃发生。</p>
<p class="h1">随风潜入夜，润物细无声。</p>
<p class="h2">野径云俱黑，江船火独明。</p>
<p class="h4">晓看红湿处，花重锦官城。</p>
</body>
</html>
```

在此段代码中，首先在<head></head>标签之间，用样式定义了不同的字号font-size，然后在正文中对文本应用样式，在浏览器中预览，效果如图9.7所示。

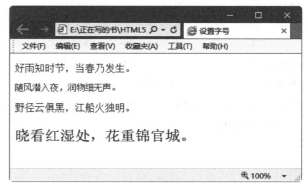

图9.7 设置字号

9.1.4 文字风格font-style

文字风格font-style属性用来设置文字是否为斜体。

语法：

```
font-style:样式的取值
```

说明如下。

样式的取值有3种：normal是默认的正常文字；italic以斜体显示文字；oblique属于中间状态，以偏斜体显示文字。

举例：

```
<!doctype html>
<html>
<head>
<meta charset="utf-8">
<title>设置文字风格</title>
<style type="text/css">
<!--
.h {
    font-family:"黑体";
```

```
        font-size: 20px;
        font-style: italic;
}
.h1 {
        font-family: " 黑体 ";
        font-size: 20px;
        font-style: normal;
}
—>
</style>
</head>
<body>
<p class=" h1 ">好雨知时节，当春乃发生。</p>
<p class=" h ">随风潜入夜，润物细无声。</p>
<p class=" h ">野径云俱黑，江船火独明。</p>
<p class=" h ">晓看红湿处，花重锦官城。</p>
</body>
</html>
```

在此段代码中，首先在<head></head>标签之间，用<style>标签定义了h标签中的文字风格font-style属性为斜体italic，h1标签中的文字风格font-style属性为normal，然后在正文中对文本分别应用h和h1样式，在浏览器中预览，效果如图9.8所示。

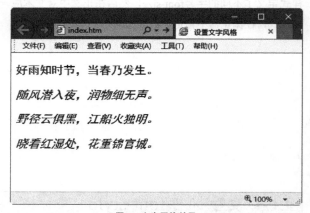

图9.8 文字风格效果

9.1.5 加粗文字font-weight

在HTML里，<b>标签用来设置文字显示为粗体，而在CSS中，利用font-weight属性来设置字体的粗细。

语法：

```
font-weight:文字粗细值
```

说明：

font-weight的取值范围包括normal、bold、bolder、lighter、number。其中normal表示正常粗细；bold表示粗体；bolder表示特粗体；lighter表示特细体；number不是真正的值，其范围是100～900，一般情况下都是整百的数字，如200、300等。

举例：

```
<!doctype html>
<html>
<head>
<meta charset=" utf-8 ">
<title>设置加粗文字</title>
```

```
<style type="text/css">
<!--
.h {
    font-family: "黑体";
    font-size: 20px;
    font-weight: bold;
}
-->
</style>
</head>
<body>
<p class="h">好雨知时节，当春乃发生。</p>
<p class="h">随风潜入夜，润物细无声。</p>
<p class="h">野径云俱黑，江船火独明。</p>
<p class="h">晓看红湿处，花重锦官城。</p>
</body>
</html>
```

在此段代码中，首先在<head></head>标签之间，用<style>标签定义了h标签中的加粗文字，设置font-weight为粗体bold，然后对正文中的文本应用h样式，在浏览器中预览，可以看到正文文字已加粗，效果如图9.9所示。

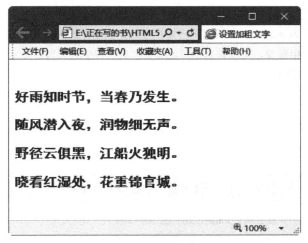

图9.9　设置加粗文字效果

9.1.6　小写字母转为大写字母font-variant

font-variant属性可以将小写的英文字母转化为大写的英文字母。

语法：

```
font-variant:取值
```

说明：

font-variant属性可以设置的值只有两个，一个是normal，表示正常显示，另一个是small-caps，它能将小写的英文字母转化为大写的英文字母。

举例：

```
<!doctype html>
<html>
<head>
<meta http-equiv="content-type" content="text/html; charset=gb2312" />
<title>小写字母转为大写字母</title>
```

```
<style type="text/css">
<!--
.j {
font-family: "宋体";
font-size: 12px;
font-variant: small-caps;
}
-->
</style>
</head>
<body class="j">
We are experts at translating those needs into marketing solutions that work, look great and communicate very very well. to your needs and those of your clients. We are experts at translating those needs into marketing solutions that work, look great and communicate very very well.
</body>
</html>
```

在此段代码中，首先在<head></head>标签之间，用<style>标签定义了j标签，在j标签中设置font-variant属性为small-caps，然后在正文中对文本应用j样式，在浏览器中预览，可以看到小写的英文字母已转变为大写的英文字母，效果如图9.10所示。

图9.10 小写字母转为大写字母

9.1.7 文字的复合属性font

复合属性font用来简化CSS代码。

语法：

```
font-family:
font-style:
font-size:
font-weight:
```

说明如下。

常见的字体属性有字体系列font-family、文字样式/文字风格font-style、文字大小font-size、文字粗细font-weight。这些属性可以设置文字在Web页面的显示效果和文本的打印效果。

举例：

```
<!doctype html>
<html>
<head>
<meta charset="utf-8">
<title>复合属性</title>
<style type="text/css">
<!--
.h{
```

```
        font-family: " 宋体 ";
        font-weight:bold;
        font-style:italic;
        font-size:18px
    }
    .h1{
        font-family: " 黑体 ";
        font-weight:bold;
        font-size:24px
    }
    —>
    </style>
    </head>
    <body>
    <p class=h1>春夜喜雨</p>
    <p  class=h>好雨知时节，当春乃发生。</p>
    <p  class=h>随风潜入夜，润物细无声。</p>
    <p  class=h>野径云俱黑，江船火独明。</p>
    <p  class=h>晓看红湿处，花重锦官城。<br>
    </p>
    </body>
    </html>
```

在此段代码中，首先在<head></head>标签之间，设置
文本的复合属性，在浏览器中预览，效果如图9.11所示。

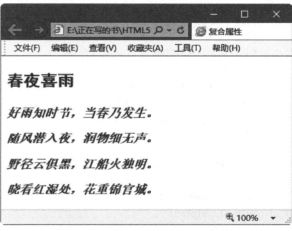

图9.11 复合属性效果

9.2 颜色和背景属性

下面介绍设置元素的颜色、背景颜色和背景图像。

9.2.1 课堂案例——用CSS实现背景半透明效果

如何用CSS实现背景半透明效果？一般的做法是用两个层，一层用于放文字，另一层用做透明背景，具体制作步
骤如下。

01 输入基本的HTML框架结构代码，如下所示。

```
<div class="alpha1">
<div class="ap2">
<p>背景为红色(#FF0000)，透明度为30%。</p>
</div>
</div>
```

02 定义CSS代码，如下所示。这样基本可以实现半透明效果，也不会出现定位和自适应问题，但最大的问题是仅IE浏览器支持，效果如图9.12所示。

```
<style type="text/css">
.alpha1{
width:300px;
height:200px;
background-color:#FF0000;
filter: Alpha(Opacity=30);
}
.ap2{
position:relative;
}
</style>
```

图9.12 IE中背景半透明效果

03 若要兼容Firefox火狐浏览器、Opera浏览器，该怎么写呢？上面这种写法是不行的，需要用两个层重叠的方法来写，更改页面结构与CSS样式，页面结构如下所示。

```
<div class="alpha1">
<div class="ap2">
<p>背景为红色(#FF0000)，透明度为30%。</p>
</div>
<!--[if IE]><![if !IE]><![endif]-->
<div class="alpha2"></div>
<!--[if IE]><![endif]><![endif]-->
</div>
```

CSS样式代码改为如下所示。

```
<style type="text/css">
.alpha1,.alpha2{
width:100%;
height:auto;
min-height:250px;/* 必需 */
_height:250px;/* 必需 */
overflow:hidden;
background-color:#FF0000;/* 背景色 */}
.alpha1{filter:alpha(opacity=30); /* IE 透明度为30% */}
.alpha2{
background-color:#FFFFFF;
-moz-opacity:0.7; /* Moz FF 透明度为30%*/
opacity: 0.7; /* 支持CSS3的浏览器（FF 1.5也支持）透明度为30%*/
}
.ap2{position:absolute;}
</style>
```

(04) 在其他浏览器中浏览，效果如图9.13所示。

图9.13　背景半透明效果

9.2.2　颜色属性color

color属性用来设置指定元素的颜色，颜色值是一个关键字或16进制的RGB数值。

语法：

```
color:颜色取值
```

说明：

关键字就是颜色的英文名称，如red、green、blue分别表示红色、绿色、蓝色。

用16进制数值来设置颜色，是因为16进制数正好能表达0~255的数值。此方法可以设置1 677万多种颜色。在表示颜色的时候在16进制数前加上"＃"即可，如下所示：

```
color: #FF0000 表示红色
color: #000099 表示蓝色
color: #FFFF00 表示黄色
```

举例：

```
<!doctype html>
<html>
<head>
<meta charset="utf-8">
<title>颜色属性设置</title>
<style type="text/css">
<!--
.gh {
    font-family: "黑体";
    font-size: 24px;
    color: #9900FF;
}
-->
</style>
</head>
<body>
<span class="gh">
<p>李白乘舟将欲行，忽闻岸上踏歌声。</p>
<p>桃花潭水深千尺，不及汪伦送我情。</p></span>
</body>
</html>
```

在此段代码中，首先在<head></head>标签之间，用<style>标签定义了gh标签中的color属性为紫色#9900FF，然后在正文中对文本应用gh样式，在浏览器中预览，效果如图9.14所示。

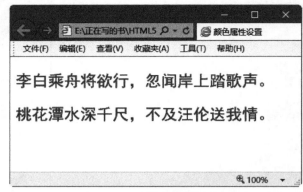

图9.14 设置颜色属性效果

9.2.3 背景颜色background-color

在HTML中，<body>标签中的bgcolor属性用来设置网页的背景颜色；而在CSS中，background-color属性不但可以设置网页的背景颜色，还可以设置文字的背景颜色。

语法：

```
background-color:颜色取值
```

举例：

```
<!doctype html>
<html>
<head>
<meta charset=" utf-8 ">
<title>背景颜色</title>
<style type=" text/css ">
<!—
.gh {
    font-family: " 黑体 ";
    font-size: 24px;
    color: #9900FF;
    background-color: #FF99FF;
}
body {
    background-color: #FF99CC;
}
—>
</style>
</head>
<body>
<p class=" gh ">李白乘舟将欲行，忽闻岸上踏歌声。</p>
<p class=" gh ">桃花潭水深千尺，不及汪伦送我情。</p>
</body>
</html>
```

在此段代码中，首先在<head></head>标签之间，用<style>标签定义了gh标签中的背景颜色属性background-color为#FF99FF，然后在正文中对文本应用gh样式，利用body {background-color: #FF99CC;}定义整个网页的背景颜色。在浏览器中预览，可以看到应用gh样式的文本和整个网页的背景颜色不同，效果如图9.15所示。

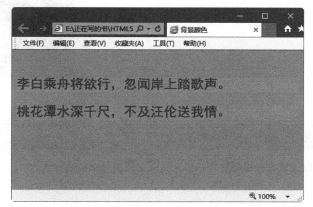

图9.15 设置文本和整个网页的背景颜色

9.2.4 背景图像background-image

background-image属性可以设置元素的背景图像。

语法：

```
background-image:url（图像地址）
```

说明：

图像地址可以是绝对地址，也可以是相对地址。

```html
<!doctype html>
<html>
<head>
<meta charset=" utf-8 ">
<title>背景图像</title>
<style type=" text/css ">
<!--
.L {
    font-family: " 宋体 ";
    font-size: 24px;
    background-image: url(images/ber_12.gif);
}
-->
</style>
</head>
<body class=" L ">
<p>李白乘舟将欲行，忽闻岸上踏歌声。</p>
<p>桃花潭水深千尺，不及汪伦送我情。</p>
</body>
</html>
```

在此段代码中，首先在<head></head>标签之间，用<style>标签定义了L标签中的背景图像属性background-image为url(images/ber_12.gif)，然后对<body>应用L样式，在浏览器中预览，效果如图9.16所示。

图9.16 背景图像效果

9.2.5 背景重复background-repeat

background-repeat属性可以设置背景图像是否平铺，并且可以设置平铺的方式。

语法：

```
background-repeat:取值
```

说明：

no-repeat表示背景图像不平铺；repeat表示背景图像平铺排满整个网页；repeat-x表示背景图像只在水平方向上平铺；repeat-y表示背景图像只在垂直方向上平铺。

举例：

```
<!doctype html>
<html>
<head>
<meta charset="utf-8">
<title>背景重复</title>
<style type="text/css">
<!--
.1 { font-family: "宋体";
     font-size: 20px;
     background-image: url(images/ber_12.gif);
     background-repeat: no-repeat;}
-->
</style>
</head>
<body class="1">
李白乘舟将欲行，忽闻岸上踏歌声。桃花潭水深千尺，不及汪伦送我情。</body>
</html>
```

在此段代码中，首先在<head></head>标签之间，用<style>标签定义了1标签中的背景图像属性background-image为url(images/ber_12.gif)，background-repeat属性设置为不平铺 no-repeat，然后对<body>应用1样式，在浏览器中预览，效果如图9.17所示。将background-repeat属性设置为水平方向上平铺repeat-x和垂直方向上平铺repeat-y，效果分别如图9.18和图9.19所示。

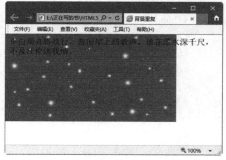

图9.17 设置背景图像不平铺

 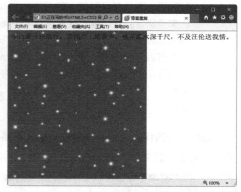

图9.18 设置背景图像水平方向上平铺　　　　　　　　　　图9.19 设置背景图像垂直方向上平铺

9.2.6 背景附件background-attachment

背景附件属性background-attachment可以设置背景图像是随对象滚动还是固定不动。

语法：

```
background-attachment: scroll/fixed
```

说明：

scroll表示背景图像随对象滚动而滚动，是默认选项；fixed表示背景图像在页面上固定不动，其他内容随滚动条滚动。

举例：

```
<!doctype html>
<html>
<head>
<meta charset=" utf-8 " >
<title>背景附件</title>
<style type=" text/css " >
<!--
.g {
    font-family:宋体;
    font-size: 20px;
    background-attachment: fixed;
    background-image: url(images/bg_down.jpg);
    background-repeat: no-repeat;
}
-->
</style>
</head>
<body class=" g " >
<p>君不见黄河之水天上来，奔流到海不复回。<br>
    君不见高堂明镜悲白发，朝如青丝暮成雪。<br>
    人生得意须尽欢，莫使金樽空对月。<br>
    天生我材必有用，千金散尽还复来。<br>
    烹羊宰牛且为乐，会须一饮三百杯。<br>
    岑夫子，丹丘生，将进酒，杯莫停。<br>
    与君歌一曲，请君为我倾耳听。<br>
```

```
            钟鼓馔玉不足贵，但愿长醉不复醒。<br>
            古来圣贤皆寂寞，惟有饮者留其名。<br>
            陈王昔时宴平乐，斗酒十千恣欢谑。<br>
            主人何为言少钱，径须沽取对君酌。<br>
            五花马，千金裘，呼儿将出换美酒，与尔同销万古愁。</p>
        </body>
    </html>
```

　　加粗部分的代码功能是设置背景附件，将背景附件设置为固定，在浏览器中预览，效果如图9.20所示。拖动滚动条，让页面中的文字向上滚动，发现只有文字向上滚动，而背景图像在页面的左上端不动，如图9.21所示。

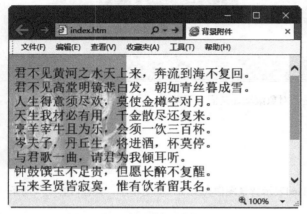

| 图9.20 设置背景附件效果 | 图9.21 拖动滚动条效果 |

9.2.7　背景位置background-position

　　背景位置属性用于设置背景图像的位置，只能应用于块级元素和替换元素。替换元素包括img、input、textarea、select和object。

语法：

```
background-position:位置取值
```

说明：

语法中的取值包括两种，一种是数值描述，另一种是关键字描述。

表9-1　background-position属性的长度设置值

设　置　值	说　　明
x（数值）	设置网页的横向位置，其单位可以是所有长度单位
y（数值）	设置网页的纵向位置，其单位可以是所有长度单位

表9-2　background-position属性的百分比设置值

设　置　值	说　　明
0% 0%	左上位置
50% 0%	靠上横向居中位置
100% 0%	右上位置
0% 50%	靠左纵向居中位置
50% 50%	正中位置
100% 50%	靠右纵向居中对齐

（续表）

0% 100%	左下位置
设　置　值	说　明
50% 100%	靠下横向居中对齐
100% 100%	右下位置

表9-3　background-position属性的关键字设置值

设　置　值	说　明
Top left	左上位置
Top center	靠上横向居中位置
Top right	右上位置
Center left	靠左居中位置
Center center	正中位置
Center right	靠右居中对齐
Bottom left	左下位置
Bottom center	靠下居中对齐
Bottom right	右下位置

举例：

```
<!doctype html>
<html>
<head>
<meta charset="utf-8">
<title>背景位置</title>
<style type="text/css">
<!--
.g {
    font-family: 宋体;
    font-size: 18px;
    background-attachment: fixed;
    background-image: url(images/gj.gif);
    background-position: left top;
    background-repeat: no-repeat;
}
-->
</style>
</head>
<body class="g">
<p>君不见黄河之水天上来，奔流到海不复回。<br>
君不见高堂明镜悲白发，朝如青丝暮成雪。<br>
人生得意须尽欢，莫使金樽空对月。<br>
天生我材必有用，千金散尽还复来。<br>
烹羊宰牛且为乐，会须一饮三百杯。<br>
岑夫子，丹丘生，将进酒，杯莫停。<br>
与君歌一曲，请君为我倾耳听。<br>
钟鼓馔玉不足贵，但愿长醉不复醒。<br>
古来圣贤皆寂寞，惟有饮者留其名。<br>
陈王昔时宴平乐，斗酒十千恣欢谑。<br>
主人何为言少钱，径须沽取对君酌。<br>
```

五花马，千金裘，呼儿将出换美酒，与尔同销万古愁。</p>
</body>
</html>

在此段代码中，首先在<head></head>标签之间，用<style>标签定义了g标签中的背景图像background-image为url(images/gj.gif)，背景位置属性设置为左上位置left top，然后对<body>应用g样式，在浏览器中预览，效果如图9.22所示。

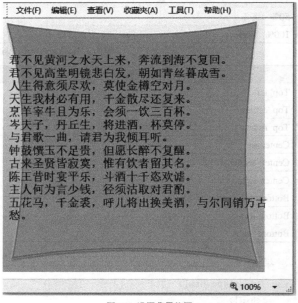

图9.22 设置背景位置

9.2.8 背景复合属性background

背景复合属性background可以简化CSS代码。

语法：

```
background:取值
```

说明：

取值范围可以包括背景颜色、背景图像、背景重复、背景附件和背景位置，各值之间用空格隔开。

举例：

```
<!doctype html>
<html>
<head>
<meta charset="utf-8">
<title>背景复合属性</title>
<style type="text/css">
<!--
.ds {
    font-family: "宋体";
    font-size: 20px;
    background: url(imgaes/bg_down.jpg) no-repeat left top;
}
-->
</style>
```

```
</head>
<body class=" ds ">
君不见黄河之水天上来，奔流到海不复回。<br>
君不见高堂明镜悲白发，朝如青丝暮成雪。<br>
人生得意须尽欢，莫使金樽空对月。<br>
天生我材必有用，千金散尽还复来。<br>
烹羊宰牛且为乐，会须一饮三百杯。<br>
岑夫子，丹丘生，将进酒，杯莫停。<br>
与君歌一曲，请君为我倾耳听。<br>
钟鼓馔玉不足贵，但愿长醉不复醒。<br>
古来圣贤皆寂寞，惟有饮者留其名。<br>
陈王昔时宴平乐，斗酒十千恣欢谑。<br>
主人何为言少钱，径须沽取对君酌。<br>
五花马，千金裘，呼儿将出换美酒，与尔同销万古愁。
</body>
</html>
```

加粗部分的代码功能是设置背景复合属性，在浏览器中预览，效果如图9.23所示。

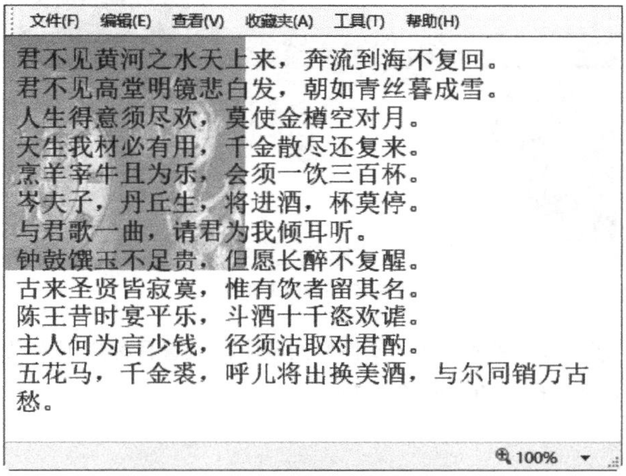

图9.23　背景复合属性效果

9.3　段落属性

CSS还可以控制段落的属性，主要包括单词间隔、字符间隔、文字修饰、纵向排列、文本转换、文本排列、文本缩进和行高等。

9.3.1　课堂案例——设计网页文本段落样式

下面用CSS设计网页文本段落样式，效果如图9.24所示。

01 打开网页文档，如图9.25所示。

02 切换至代码视图，在<head></head>标签之间输入CSS代码，设置文字字体、大小、间隔距离、下画线和行高，如图9.26所示。

```
<style type="text/css">
.df {
    font-family: "黑体";
    font-size: 20px;
    word-spacing: 5px;
    text-decoration: underline;
    line-height: 140%;
}
</style>
```

图9.24 设计网页文本段落样式

图9.25 打开网页文档

图9.26 输入CSS代码

（03）选中文字，在"属性"面板中，设置目标规则为已定义的样式.df，如图9.27所示。

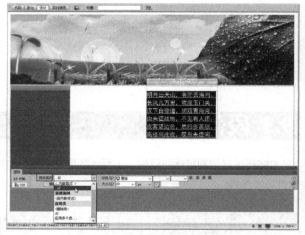

图9.27 应用已定义的样式

9.3.2 单词间隔word-spacing

单词间隔word-spacing可以控制单词之间的距离。

语法：

```
word-spacing:取值
```

说明：

取值可以使用normal，也可以使用长度值。normal指正常间隔，是默认选项；长度值可以设置单词间隔的数值及单位，可以使用负值。

举例：

```
<!doctype html>
<html>
<head>
<meta http-equiv="content-type" content="text/html; charset=gb2312" />
<title>单词间隔</title>
<style type="text/css">
<!--
.df {
font-family: "宋体";
font-size: 14px;
word-spacing: 3px;
}
-->
</style>
</head>
<body>
<span class="df">In a multiuser or network environment, the process by which the system validates
a user's logon information. <br />A user's name and password are compared against an authorized list,
validates a user's logon information.
</span>
</body>
</html>
```

在此段代码中，首先在<head></head>标签之间，用<style>标签定义了df标签中的单词间隔word- spacing为3像素，然后对正文中的段落文本应用df样式，在浏览器中预览，效果如图9.28所示。

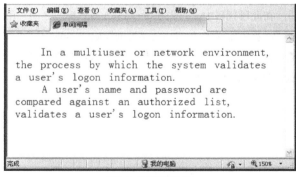

图9.28 单词间隔效果

9.3.3 字符间隔letter-spacing

字符间隔可以控制字符之间的距离。

语法：

```
letter-spacing:取值
```

举例：

```
<!doctype html>
<html>
<head>
<meta charset="utf-8">
<title>字符间隔</title>
```

```
<style type="text/css">
<!--
.s {
    font-family: "黑体";
    font-size: 18px;
    letter-spacing: 5px;
}
-->
</style>
</head>
<body>
<span class="s">君不见黄河之水天上来，奔流到海不复回。<br>
君不见高堂明镜悲白发，朝如青丝暮成雪。<br>
人生得意须尽欢，莫使金樽空对月。<br>
天生我材必有用，千金散尽还复来。<br>
烹羊宰牛且为乐，会须一饮三百杯。<br>
岑夫子，丹丘生，将进酒，杯莫停。<br>
与君歌一曲，请君为我倾耳听。<br>
钟鼓馔玉不足贵，但愿长醉不复醒。<br>
古来圣贤皆寂寞，惟有饮者留其名。<br>
陈王昔时宴平乐，斗酒十千恣欢谑。<br>
主人何为言少钱，径须沽取对君酌。<br>
五花马，千金裘，呼儿将出换美酒，与尔同销万古愁。</span>
</body>
</html>
```

在此段代码中，首先在<head></head>标签之间，用<style>标签定义了s标签中的字符间隔letter-spacing为3像素，然后对正文中的段落文本应用s样式，在浏览器中预览，效果如图9.29所示。

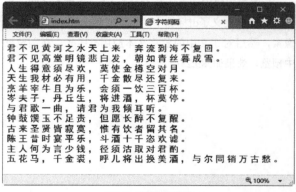

图9.29 字符间隔效果

9.3.4 文字修饰text-decoration

文字修饰属性用来修饰文本，如设置下画线、删除线等。

语法：

```
text-decoration:取值
```

说明：

none表示不修饰，是默认值；underline是在文本下方定义一条线；overline是在文本上方定义一条线；line-through是定义穿过文本的一条线；blink是定义闪烁的文本。

举例：

```
<!doctype html>
<html>
<head>
<meta charset="utf-8">
<title>文字修饰</title>
<style type="text/css">
<!--
.s {
  font-family: "宋体";
  font-size: 24px;
  text-decoration: underline;
}
.s1 {
    font-family: "宋体";
    font-size: 24px;
    text-decoration: line-through;
}
-->
</style>
</head>
<body>
<p class="s">日照香炉生紫烟，遥看瀑布挂前川。</p>
<p class="s1">飞流直下三千尺，疑是银河落九天。</p>
</body>
</html>
```

在此段代码中，首先在<head></head>标签之间，用<style>标签定义了s标签中的文字修饰属性text-decoration为underline，并对正文中的段落文本应用s样式；然后定义了s1标签中的文字修饰属性text-decoration为line-through，并对正文中的段落文本应用s1样式，在浏览器中预览，效果如图9.30所示。

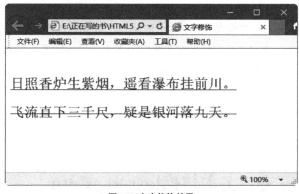

图9.30　文字修饰效果

9.3.5　垂直对齐方式vertical-align

垂直对齐方式用来设置文字的垂直对齐方式。

语法：

```
vertical-align:排列取值
```

说明如下。

vertical-align包括以下取值。

baseline：浏览器默认的垂直对齐方式；

sub：文字的下标；

super：文字的上标；

top：垂直靠上对齐；

text-top：使元素和上级元素的文字向上对齐；

middle：垂直居中对齐；

text-bottom：使元素和上级元素的文字向下对齐。

举例：

```
<!doctype html>
<html>
<head>
<meta http-equiv="content-type" content="text/html; charset=gb2312" />
<title>纵向排列</title>
<style type="text/css">
<!--
.ch {
vertical-align: super;
font-family: "宋体";
font-size: 12px;
}
-->
</style>
</head>
<body>
5<span class="ch">2</span>-2<span class="ch">2</span>=21
</body>
</html>
```

在此段代码中，首先在<head></head>标签之间，用<style>标签定义了ch标签中的vertical-align属性为super，表示文字上标，然后对正文中的文本应用ch样式，在浏览器中预览，效果如图9.31所示。

图9.31 纵向排列效果

9.3.6 文本转换text-transform

文本转换属性用来转换英文字母的大小写。

语法：

```
text-transform:转换值
```

说明如下。

text-transform包括以下取值。

none：表示使用原始值；

capitalize：表示使每个单词的第一个字母大写；

uppercase：表示使每个单词的所有字母大写；

lowercase：表示使每个单词的所有字母小写。

举例：

```
<!doctype html>
<html>
<head>
<meta http-equiv="content-type" content="text/html; charset=gb2312" />
<title>文本转换</title>
<style type="text/css">
<!--
.zh {
font-size: 14px;
text-transform: capitalize;
}
.zh1 {
font-size: 14px;
text-transform: uppercase;
}
.zh2 {
font-size: 14px;
text-transform: lowercase;
}
.zh3 {
font-size: 14px;
text-transform: none;
}
-->
</style>
</head>
<body>
<p>下面是一句话设置不同的转化值效果：</p>
<p class="zh">happy new year! </p>
<p class="zh1">happy new year! </p>
<p class="zh2">happy new year! </p>
<p class="zh3">happy new year! </p>
</body>
</html>
```

在此段代码中，首先在<head></head>标签之间，定义了zh、zh1、zh2、zh3四个样式，text-transform属性分别设置为capitalize（第一个字母大写）、uppercase（所有字母大写）、lowercase（所有字母小写）、none（原始值），在浏览器中预览，效果如图9.32所示。

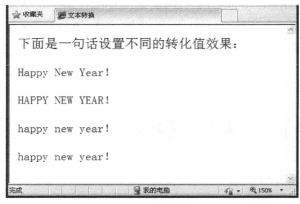

图9.32 文本转换效果

9.3.7 水平对齐方式text-align

text-align属性用来设置文本的水平对齐方式。

语法：

```
text-align:排列值
```

说明如下。

水平对齐方式取值包括left、right、center和justify四种。

left：左对齐；

right：右对齐；

center：居中对齐；

justify：两端对齐。

举例：

```
<!doctype html>
<html>
<head>
<meta charset="utf-8">
<title>水平对齐方式</title>
<style type="text/css">
<!--
.k {
    font-family: "宋体";
    font-size: 16pt;
    text-align: right;
}
-->
</style>
</head>
<body class="k">
日照香炉生紫烟，遥看瀑布挂前川。
飞流直下三千尺，疑是银河落九天。
</body>
</html>
```

在此段代码中，首先在<head></head>标签之间，用<style>标签定义了k标签中的text-align属性为right，表示文字右对齐，然后对<body>应用k样式，在浏览器中预览，效果如图9.33所示，可以看到文本右对齐排列。

图9.33 水平右对齐效果

9.3.8 文本缩进text-indent

HTML只能控制段落整体向右缩进，如果不进行设置，浏览器则默认为不缩进，而CSS可以控制段落的首行缩进及缩进的距离。

语法：

```
text-indent:缩进值
```

说明：

文本的缩进值必须是一个长度值或一个百分比。

举例：

```
<!doctype html>
<html>
<head>
<meta charset="utf-8">
<title>文本缩进</title>
<style type="text/css">
<!--
.k {
    font-family: "宋体";
    font-size: 20pt;
    text-indent: 25px;
}
-->
</style>
</head>
<body>
<p class="k">明月几时有？把酒问青天。不知天上宫阙，今夕是何年。我欲乘风归去，又恐琼楼玉宇，高处不胜寒。起舞弄清影，何似在人间？</p>
</body>
</html>
```

在此段代码中，首先在<head></head>标签之间，用<style>标签定义了k标签中的text-indent属性为25px，表示首行缩进25个像素，然后对正文中的段落文本应用k样式，在浏览器中预览，效果如图9.34所示。

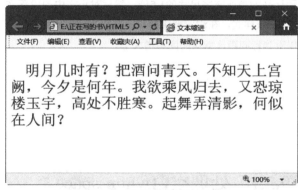

图9.34 文本缩进效果

9.3.9 文本行高line-height

文本行高属性用来控制段落中行与行之间的距离。

语法：

```
line-height:行高值
```

说明：

行高值可以为长度、倍数或百分比。

举例：

```
<!doctype html>
<html>
```

```
<head>
<meta charset=" utf-8 ">
<title>文本行高</title>
<style type=" text/css ">
<!--
.k {
    font-family: " 宋体 ";
    font-size: 20pt;
    line-height: 150%;
}
-->
</style>
</head>
<body>
<span class=" k "> 晋太元中，武陵人捕鱼为业。缘溪行，忘路之远近。忽逢桃花林，夹岸数百步，中无杂树，
芳草鲜美，落英缤纷。渔人甚异之，复前行，欲穷其林。<br>
    林尽水源，便得一山，山有小口，仿佛若有光。便舍船，从口入。初极狭，才通人。复行数十步，豁然开朗。土地
平旷，屋舍俨然，有良田、美池、桑竹之属。阡陌交通，鸡犬相闻。其中往来种作，男女衣着，悉如外人。黄发垂髫，
并怡然自乐。</span>
    </body>
    </html>
```

在此段代码中，首先在<head></head>标签之间，用<style>标签定义了k标签中的line-height属性为150%，表示行高为当前文字尺寸的1.5倍，然后对正文中的段落文本应用k样式，在浏览器中预览，效果如图9.35所示，可以看到行间距比默认的间距增大了。

图9.35 文本行高效果

9.3.10 处理空白white-space

white-space属性用于设置页面内空白的处理方式。

语法：

```
white-space:值
```

说明：

white-space有3个值，其中normal是默认属性，即将连续的多个空格合并；pre会保留源代码中的空格和换行符；nowrap强制将所有文本显示在同一行内，直到文本结束或者遇到
标签。

举例：

```
<!doctype html>
<html>
<head>
<meta charset=" utf-8 ">
```

```
<title>处理空白</title>
<style type="text/css">
<!--
.k {
    font-family: "宋体";
    font-size: 20pt;
    white-space:normal;
}
-->
</style>
</head>

<body>
<span class="k">晋太元中，武陵人捕鱼为业。缘溪行，忘路之远近。忽逢桃花林，夹岸数百步，中无杂树，芳
草鲜美，落英缤纷。渔人甚异之，复前行，欲穷其林。<br>
    林尽水源，便得一山，山有小口，仿佛若有光。便舍船，从口入。初极狭，才通人。复行数十步，豁然开朗。土地
平旷，屋舍俨然，有良田、美池、桑竹之属。阡陌交通，鸡犬相闻。其中往来种作，男女衣着，悉如外人。黄发垂髫，
并怡然自乐。</span>
</body>
</html>
```

在此段代码中，首先在<head></head>标签之间，用<style>标签定义了k标签中的white-space属性为normal，然后对正文中的段落文本应用k样式，用来处理空白，在浏览器中预览，效果如图9.36所示。

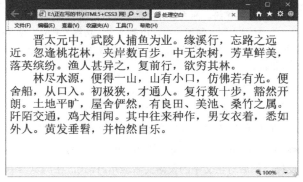

图9.36 处理空白效果

9.3.11 文本反排unicode-bidi和direction

unicode-bidi和direction属性经常一起使用，用来设置对象的阅读顺序。

1. unicode-bidi属性

语法：

```
unicode-bidi:值
```

说明：

在unicode-bidi属性的值中，bidi-override表示严格按照direction属性的值重新排序；normal表示为默认值；embed表示对象打开附加的嵌入层，direction属性的值指定嵌入层，在对象内部进行隐式重排序。

2. direction属性

语法：

```
direction:值
```

说明：

在direction属性的值中，ltr表示从左到右的顺序阅读；rtl表示从右到左的顺序阅读；inherit表示文本流的值不可继承。

举例：

```
<!doctype html>
<html>
<head>
<meta charset=" utf-8 ">
<title>文本反排</title>
<style type=" text/css ">
<!--
.k {
    font-family: " 宋体 ";
    font-size: 20pt;
    direction:rtl;
    unicode-bidi:bidi-override
}
-->
</style>
</head>
<body>
<p class=" k ">晋太元中，武陵人捕鱼为业。缘溪行，忘路之远近。忽逢桃花林，夹岸数百步，中无杂树，芳草
鲜美，落英缤纷。渔人甚异之，复前行，欲穷其林。<br>
林尽水源，便得一山，山有小口，仿佛若有光。便舍船，从口入。初极狭，才通人。复行数十步，豁然开朗。土地
平旷，屋舍俨然，有良田、美池、桑竹之属。阡陌交通，鸡犬相闻。其中往来种作，男女衣着，悉如外人。黄发垂髫，
并怡然自乐。</p>
</body>
</html>
```

在此段代码中，首先在<head></head>标签之间，用<style>标签定义了k标签中的direction属性为rtl，对文本反排，然后对正文中的段落文本应用k样式，在浏览器中预览，效果如图9.37所示。

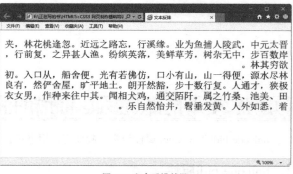

图9.37 文本反排效果

9.4 列表属性

列表属性可以设置列表项的样式，包括符号、缩进等。

9.4.1 设计背景变换的导航菜单

导航菜单是一种列表，每个列表数据就是导航菜单中的一个导航频道，联合使用ul元素、li元素和CSS样式可以实现背景变换的导航菜单，下面通过实例具体讲述导航菜单栏的制作。

01 启动Dreamweaver CC，新建网页文档，切换到代码视图中，在<head>与</head>标签之间相应的位置输入以下代码，用于设置导航菜单的背景颜色和变换颜色，如图9.38所示。

```
<style>
#menu {width: 150px;
border-right: 1px solid #000;
padding: 0 0 1em 0;
margin-bottom: 1em;
font-family: "宋体";
font-size: 13px;
background-color: #FFCC33;
color: #000000;}
#menu ul {list-style: none;
margin: 0;
padding: 0;
border: none;
}
#menu li {
    margin: 0;
    border-bottom-width: 1px;
    border-bottom-style: solid;
    border-bottom-color: #FFCC33;
}
#menu li a {
    display: block;
    padding: 5px 5px 5px 0.5em;
    background-color: #009900;
    color: #fff;
    text-decoration: none;
    width: 100%;
    border-right-width: 10px;
    border-left-width: 10px;
    border-right-style: solid;
    border-left-style: solid;
    border-right-color: #FF0000;
    border-left-color:#FF0000;}
html>body #menu li a {width: auto;}
#menu li a:hover {
    background-color: #FF0000;
    color: #fff;
    border-right-width: 10px;
    border-left-width: 10px;
    border-right-style: solid;
    border-left-style: solid;
    border-right-color: #FF00FF;
    border-left-color: #FF0000;
}
```

02 在body中输入以下代码，用于插入<div>标签，将其id定义为menu，在其中输入导航文本并设置链接，如图9.39所示。

```
<body>
<div id=" menu " >
 <ul>
 <li><a href= " # " >首页</a></li>
 <li><a href= " # " >公司简介</a></li>
 <li><a href= " # " >公司新闻</a></li>
 <li><a href= " # " >商品展示</a></li>
 <li><a href= " # " >特色服务</a></li>
 <li><a href= " # " >在线留言</a></li>
 <li><a href= " # " >联系我们</a></li>
 </ul>
 </div>
 </body>
```

图9.38 输入CSS样式   图9.39 在body中输入代码

(03) 运行代码，在浏览器中显示的效果如图9.40所示，可以看到背景变换的导航菜单。

图9.40 背景变换的导航菜单

9.4.2 列表符号list-style-type

列表符号属性用来设置列表项所使用的符号类型。

语法：

```
list-style-type:值
```

说明：

列表符号有许多种，其具体取值范围如表9-4所示。

表9-4 列表符号的取值

取 值	含 义
disc	默认值，实心圆
circle	空心圆
square	实心方块
decimal	阿拉伯数字
lower-roman	小写罗马数字
upper-roman	大写罗马数字
lower-alpha	小写英文字母
upper-alpha	大写英文字母
none	不使用任何项目符号或编号

举例：

```
<!doctype html>
<html>
<head>
<meta http-equiv="content-type" content="text/html; charset=gb2312" />
<title>列表符号</title>
<style type="text/css">
<!--
.l {
font-size: 12px;
}
ol{list-style-type: disc;}
-->
</style>
</head>
<body>
<ol class="l">
<li>低龄儿童，如何快快乐乐学英语<br>
<li>儿童自护自救的十种方法<br>
<li>听讲和阅读能力的培育<br>
<li>外国人如何教孩子自立<br>
<li>系统学习法在英语学习中的应用<br>
<li>赢在起点—从小学习第二语言</ol>
</body>
</html>
```

在代码中，ol{list-style-type: disc;}用来设置列表符号为实心圆，在浏览器中预览，效果如图9.41所示。

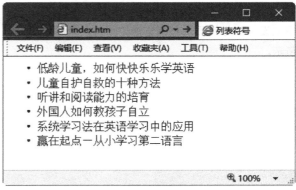

图9.41 列表符号效果

9.4.3 图像符号list-style-image

图像符号属性用于把图像作为列表符号来美化网页。

语法:

```
list-style-image:值
```

说明:

none表示不指定图像;

url表示使用绝对地址或相对地址指定符号的图像。

举例:

```
<!doctype html>
<html>
<head>
<meta http-equiv="content-type" content="text/html; charset=gb2312" />
<title>列表符号</title>
<style type="text/css">
<!--
.1 {
font-size: 12px;
}
ol{
list-style-type: circle;
list-style-image: url(images/icon_01.gif);
}
-->
</style>
</head>
<body>
<ol class="1">
<li>低龄儿童,如何快快乐乐学英语<br>
<li>儿童自护自救的十种方法<br>
<li>听讲和阅读能力的培育<br>
<li>外国人如何教孩子自立<br>
<li>系统学习法在英语学习中的应用<br>
<li>赢在起点一从小学习第二语言</ol>
</body>
</html>
```

在代码中,list-style-image: url(images/icon_01.gif)用来设置图像符号,在浏览器中预览,效果如图9.42所示。

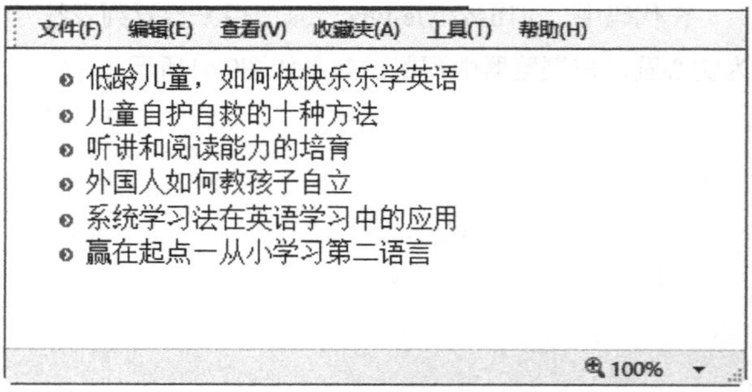

图9.42 图像符号效果

9.4.4 列表缩进list-style-position

列表缩进属性可以设置列表缩进的程度。

语法:

```
list-style-position:值
```

说明:

outside表示列表项目标签放在文本以外,且环绕文本不根据标签对齐;

inside表示列表项目标签放在文本以内,且环绕文本根据标签对齐。

举例:

```
<!doctype html>
<html>
<head>
<meta http-equiv=" content-type " content=" text/html; charset=gb2312 " />
<title>列表缩进</title>
<style type=" text/css " >
<!--
.l {font-size: 12px;}
ol{
list-style-type: circle;
list-style-image: url(images/icon_01.gif);
list-style-position: inside;
}
-->
</style>
</head>
<body>
<ol class=" l " >
<li>低龄儿童,如何快快乐乐学英语<br>
<li>儿童自护自救的十种方法<br>
<li>听讲和阅读能力的培育<br>
<li>外国人如何教孩子自立<br>
<li>系统学习法在英语学习中的应用<br>
<li>赢在起点—从小学习第二语言</ol>
</body>
</html>
```

在代码中,list-style-position:inside用来设置列表缩进,在浏览器中预览,效果如图9.43所示。

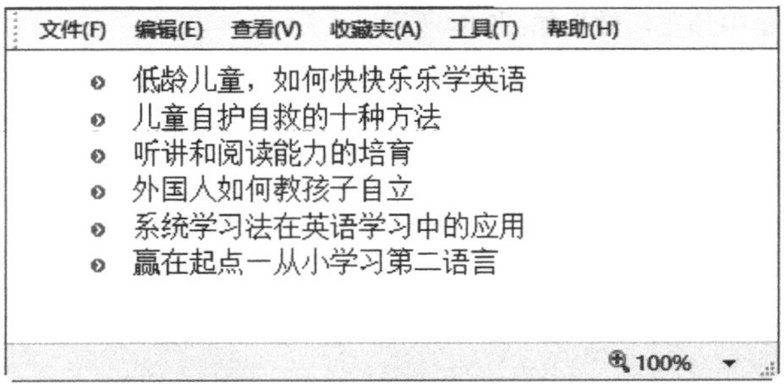

文件(F) 编辑(E) 查看(V) 收藏夹(A) 工具(T) 帮助(H)
○ 低龄儿童,如何快快乐乐学英语
○ 儿童自护自救的十种方法
○ 听讲和阅读能力的培育
○ 外国人如何教孩子自立
○ 系统学习法在英语学习中的应用
○ 赢在起点—从小学习第二语言
⊕ 100% ▾

图9.43 列表缩进效果

9.4.5 列表复合属性list-style

列表复合属性用于设置列表项目的相关样式。

语法:

```
list-style:值
```

说明:

当list-style-image和list-style-type都被指定的时候,list-style-image优先,除非list-style-image设置为none或指定url地址的图片不能显示才会使用list-style-type。

举例:

```
<!doctype html>
<html>
<head>
<meta http-equiv="content-type" content="text/html; charset=gb2312" />
<title>复合属性列表</title>
<style type="text/css">
<!--
.l {font-size: 12px;}
ol{
list-style-type: square;
list-style-image: url(images/close1.gif);
list-style-position: outside;
}
-->
</style>
</head>
<body>
<ol>
<li>保护儿童视力的饮食须知 <br>
<li>儿童营养常见十大误区 <br>
<li>培养儿童良好饮食习惯 <br>
<li>青春期营养需要及供给 <br>
<li>青少年七大营养问题</ol>
</body>
</html>
```

加粗部分的代码功能是设置列表复合属性,在浏览器中预览,效果如图9.44所示。

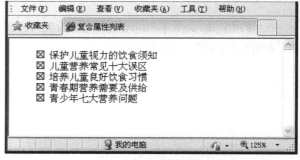

图9.44 复合属性列表效果

9.4.6 课堂练习——利用CSS制作竖排导航菜单

具体操作步骤如下。

(01) 启动Dreamweaver CC，新建一空白CSS文档，输入相应的代码来控制文本样式，并将文件保存为css.css，如图9.45所示。

```
#nave { margin-left: 30px; }
#nave ul
{margin: 0; padding: 0; list-style-type: none;
font-family: verdana, arial, Helvetica, sans-serif; }
#nave li { margin: 0; }
#nave a { display: block; padding: 5px 10px; width: 140px; color: #000;
background-color: #009900; text-decoration: none; border-top: 1px solid #fff;
border-left: 1px solid #fff; border-bottom: 1px solid #333; border-right: 1px solid #333;
font-weight: bold; font-size: .8em; background-color: #009900;
background-repeat: no-repeat; background-position: 0 0; }
#nave a:hover { color: #000; background-color: #009900; text-decoration: none;
border-top: 1px solid #333; border-left: 1px solid #333; border-bottom: 1px solid #fff;
border-right: 1px solid #fff; background-color:#009900; background-repeat: no-repeat;
background-position: 0 0; }
#nave ul ul li { margin: 0; }
#nave ul ul a { display: block; padding: 5px 5px 5px 30px; width: 125px;
color: #000; background-color: #CCFF66; text-decoration: none;font-weight: normal; }
#nave ul ul a:hover{ color: #000;background-color: #009900; text-decoration: none;}
```

(02) 新建网页文档，切换到代码视图，在<head>与</head>之间相应的位置输入代码<link href=" css.css " rel= " stylesheet " type= " text/css " />，调用外部CSS文件，如图9.46所示。

图9.45 CSS样式

图9.46 调用外部CSS文件

(03) 在<body>与</body>之间输入以下代码，用于插入<div>标签并输入导航文本，如图9.47所示。

```
<div id=" nave " >
<ul id=" navlist " >
<li id=" active " ><a href=" # "  id=" current " >主要专业</a>
<ul id=" subnavlist " >
<li id=" subactive " ><a href=" # "  id=" subcurrent " >计算机应用</a></li>
<li><a href=" # " >会计电算化</a></li>
```

```
<li><a href="#">机电应用</a></li>
<li><a href="#">幼儿幼师</a></li>
</ul>
</li>
<li><a href="#"> 学校简介</a></li>
<li><a href="#">学校新闻</a></li>
<li><a href="#">联系我们</a></li>
</ul>
</div>
```

04 保存文档，运行代码，在浏览器中显示的效果如图9.48所示，可以看到竖排导航菜单。

图9.47 输入导航文本

图9.48 树向导航菜单

9.5 课后习题

1. 填空题

（1）文字风格_____属性用来设置文字是否为斜体。样式的取值有3种：_____是默认正常的字体；_____是以斜体显示文字；_____属于中间状态，以偏斜体显示。

（2）在HTML里，_____标签用来设置文字显示为粗体，而在CSS中，利用_____属性来设置字体的粗细。

（3）在font-variant属性中，可以设置的值只有两个，一个是normal，表示正常显示，另一个是_____，它能将小写英文字母转化为大写英文字母。

（4）HTML设置文字的字体属性需要通过<font>标签中的face属性，而在CSS中则使用_____属性。

2. 操作题

给网页添加CSS，使用CSS设置文本字体为黑体，行高为30像素，文字大小为12像素，效果如图9.49所示。

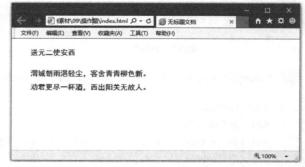

图9.49 给网页添加CSS

第 **10** 章

移动端网页设计基础CSS3

───────────── 内容摘要 ─────────────

　　CSS3是CSS最新版本规范，在CSS2.1的基础上增加了很多强大的新功能，如圆角、多背景、透明度、阴影等功能，并且不再需要非语义标签、复杂的JavaScript 脚本以及图片，以帮助开发人员解决一些问题。CSS2.1是单一的规范，CSS3分为几个模块组，每个模块组都有自己的规范。这样的好处是整个CSS3的规范不会因为难缠的部分而影响其他模块的推进。

───────────── 课堂学习目标 ─────────────

- 掌握边框的使用方法
- 掌握文本的使用方法
- 掌握转换变形的使用方法
- 掌握背景的使用方法
- 掌握多列的使用方法

10.1 边框

CSS3能够创建圆角边框，为矩形添加阴影，使用图片来绘制边框，并且无须使用Photoshop等设计软件。CSS2仅局限于边框的线型、粗细、颜色的设置，如果需要特殊的边框效果，只能使用背景图片来制作。CSS3的border-image属性使元素边框的样式变得丰富起来，可以对边框进行扭曲、拉伸和平铺等，实现类似background的效果。

10.1.1 课堂案例——制作美观的按钮效果

下面利用CSS3的边框属性box-shadow和border-radius制作美观的按钮，如图10.1所示。outline不会跟着元素的圆角移动而变化，因而显示出直角，但box-shadow会跟着元素的圆角移动而变化，将两者叠加到一起，box-shadow（其扩张值大概等于border-radius值的一半）刚好填补outline和容器圆角之间的空隙，达到想要的效果。

图10.1 美观的按钮效果

01 新建网页文档，在\<head>与\</head>之间输入如下CSS代码，如图10.2所示。

```
<style type="text/css">
<!--
div {
    outline: .6em solid #655;
    box-shadow: 0 0 0 .4em #655; /* 关键代码 */
    max-width: 10em;
    border-radius: .8em;
    padding: 1em;
    margin: 1em;
    background: tan;
    font: 120%/1.6 sans-serif;
}
-->
</style>
```

02 在\<body>标签内输入如下代码，插入div，如图10.3所示。

```
<div>漂亮的内圆角按钮</div>
```

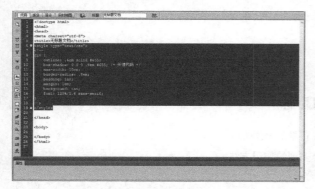

图10.2 在\<head>与\</head>之间输入CSS代码

图10.3 插入div

10.1.2 圆角边框 border-radius

圆角是CSS3中使用最多的一个属性，因为圆角比直线美观，而且不会与设计产生任何冲突。在CSS2规范中，制作圆角时需要使用多张圆角图片作为背景，然后将其应用到每个角上，制作起来非常麻烦。

在CSS3规则中，设置圆角边框无需添加任何标签元素与图片，也不需借用任何JavaScript脚本，一个border-radius属性就能搞定。border-radius属性还有多个优点：一是少了对图片的更新制作、代码的替换等,减少网站维护的工作量；二是少了对图片进行http的请求，网页的载入速度将变快,改善网站性能；三是增加视觉美观性。

语法：

```
border-radius: none | <length>{1,4} [/ <length>{1,4} ];
```

按此顺序设置border-radius的四个值。如果省略bottom-left的值，则bottom-left的值与top-right的值相同。如果省略bottom-right的值，则bottom-right的值与top-left的值相同。如果省略top-right的值，则top-right的值与top-left的值相同。

1. border-radius设置一个值

border-radius只有一个取值时，四个圆角的设置相同，其效果是一致的，代码如下。

```
. box {border-radius: 10px;}
```

与下面代码功能一样。

```
. box {
border-top-left-radius: 10px;
border-top-right-radius: 10px;
border-bottom-right-radius: 10px;
border-bottom-left-radius: 10px;
}
```

下面是一个四个角相同设置的例子，其HTML代码如下。

```
<!doctype html>
<html>
<head>
<meta charset=" utf-8 ">
<title>具有相同设置的四个圆角</title>
<link href=" images/style.css " rel=" stylesheet " type=" text/css " />
</head>
<body>
<div class=" box "> 具有相同设置的四个圆角</div>
</body>
</html>
```

CSS代码如下。

```
.box {border-radius:10px;
border:1px solid #000;
width:400px;
height:200px;
background:#FC6;
margin:0 auto}
```

这里使用border-radius:10px设置大小为10像素四个圆角效果，在浏览器中四个角都相同，效果如图10.4所示。

图10.4 四个角设置都相同

2. border-radius设置两个值

border-radius设置两个值时，top-left的值等于bottom-right的值，它们取第一个值；top-right的值等于bottom-left的值，它们取第二个值。也就是说元素左上角和右下角相同，右上角和左下角相同。

代码如下。

```
. box {
border-radius: 10px 40px;
}
```

与下面代码功能一样。

```
. box {
border-top-left-radius: 10px;
border-bottom-right-radius: 10px;
border-top-right-radius: 40px;
border-bottom-left-radius: 40px;
}
```

下面是一个border-radius取两个值的示例，其CSS代码如下。

```
.box {
border-radius:10px   40px;
border:1px solid #000;
width:400px;
height:200px;
background:#FC6;
margin:0 auto}
```

这里使用border-radius:10px 40px，设置对象盒子左上角和右下角为10像素的圆角，右上角和左下角为40像素的圆角，如图10.5所示。

图10.5 只取两个值设置圆角边框效果

3. border-radius设置三个值

border-radius设置三个值时，top-left取第一个值，top-right的值等于bottom-left的值，并取第二个值，bottom-right取第三个值。

代码如下。

```
.box {
border-radius: 10px 40px 30px;
}
```

与下面代码功能一样。

```
.box {
border-top-left-radius: 10px;
border-top-right-radius: 40px;
border-bottom-left-radius: 40px;
border-bottom-right-radius: 30px;
}
```

下面是一个border-radius设置三个值的示例，其CSS代码如下。

```
.box {
border-radius:10px 40px 30px;
border:1px solid #000;
width:400px;
height:200px;
background:#FC6;
margin:0 auto
}
```

这里使用border-radius:10px 40px 30px，设置对象盒子左上角为10像素的圆角，右上角和左下角为40像素的圆角，右下角为30像素的圆角，如图10.6所示。

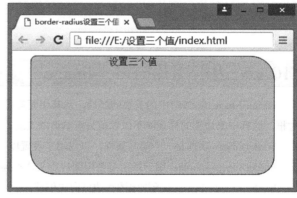

图10.6　设置三个值的圆角边框效果

4. border-radius设置四个值

border-radius设置四个值时，top-left取第一个值，top-right取第二个值，bottom-right取第三个值，bottom-left取第四个值。

代码如下。

```
.box {
border-radius:10px 20px 30px 40px;
}
```

与下面代码功能一样。

```
.box {
border-top-left-radius: 10px;
border-top-right-radius: 20px;
border-bottom-right-radius: 30px;
border-bottom-left-radius: 40px;
}
```

下面是一个border-radius取四个值的示例，其CSS代码如下。

```
.box {
border-radius:10px 20px 30px 40px;
border:1px solid #000;
width:400px;
height:200px;
background:#FC6;
margin:0 auto
}
```

这里使用border-radius:10px 20px 30px 40px，分别设置了四个圆角的大小，如图10.7所示。

图10.7 设置四个值的圆角边框效果

10.1.3 边框图片border-image

border-images是CSS3中的重要的属性，从其字面意思上看，可以将其理解为"边框图片"，也就是使用图片作为边框。这样一来边框的样式就不像以前只有单调的实线、虚线、点状线了。

border-image 属性是一个简写属性，可以用于设置以下属性。

border-image-source：用于指定是否用图片定义边框样式或图片来源路径。

border-image-slice：用于指定图片边框向内偏移。

border-image-width：用于指定图片边框的宽度。

border-image-outset：用于指定边框图片超出边框的量。

border-image-repeat：用于指定图片边框平铺、铺满或拉伸。

IE11、Firefox、Opera 15、Chrome以及Safari 6等浏览器都支持border-image属性。

下面通过CSS3的border-image属性，使用图片来创建边框，示例代码如下。

```
<!doctype html>
<html>
<head>
<meta charset=" utf-8 ">
<style>
```

```
div
{
border:30px solid transparent;
width:300px;
padding:15px 20px;
}
#round
{
-moz-border-image:url(i/border.png) 30 30 round;          /* Old Firefox */
-webkit-border-image:url(i/border.png) 30 30 round;      /* Safari and Chrome */
-o-border-image:url(i/border.png) 30 30 round;           /* Opera */
border-image:url(i/border.png) 30 30 round;
}
#stretch
{
-moz-border-image:url(i/border.png) 30 30 stretch;        /* Old Firefox */
-webkit-border-image:url(i/border.png) 30 30 stretch;    /* Safari and Chrome */
-o-border-image:url(i/border.png) 30 30 stretch;         /* Opera */
border-image:url(i/border.png) 30 30 stretch;
}
</style>
</head>
<body>
<div id=" round ">在这里设置round，图片铺满整个边框。</div>
<br>
<div id=" stretch ">在这里设置stretch，图片被拉伸以填充该区域。</div>
<p>这是我们使用的图片：</p>
<img src=" i/border.png ">
</body>
</html>
```

设置round，图片铺满整个边框，设置stretch，图片被拉伸以填充该区域，效果如图10.8所示。

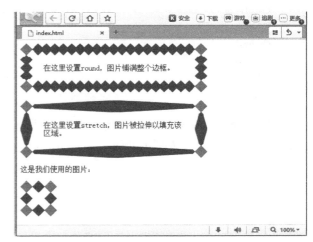

图10.8 边框图片border-image

10.1.4 边框阴影box-shadow

以前给一个块元素设置阴影，只能通过给块级元素设置背景来实现，当然IE浏览器还可以通过微软的shadow滤镜来实现，不过也只在IE浏览器下有效，其兼容性差。但是CSS3的box-shadow属性使这一问题变得简单了。在CSS3

中，box-shadow用于向边框添加阴影。

语法：

```
box-shadow: h-shadow v-shadow blur spread color inset;
```

说明如下。

box-shadow用于向框添加一个或多个阴影。该属性是由逗号分隔的阴影列表，每个阴影由2～4个长度值、可选的颜色值及可选的inset关键词来规定。省略长度的值是0。

h-shadow：必需，用于设置水平阴影的位置，允许是负值。

v-shadow：必需，用于设置垂直阴影的位置，允许是负值。

blur：可选，用于设置模糊距离。

spread：可选，用于设置阴影的尺寸。

color：可选，用于设置阴影的颜色。

inset：可选，用于将外部阴影（outset）改为内部阴影。

举例：

```
<!doctype html>
<html>
<head>
<meta charset=" utf-8 " >
<style>
div
{
width:400px;
height:300px;
background-color:#ff9900;
-moz-box-shadow: 10px 10px 10px #888888; /* 旧版 Firefox */
box-shadow: 20px 20px 15px #888888;
}
</style>
<title>box-shadow</title>
</head>
<body>
<div></div>
</body>
</html>
```

这里使用box-shadow: 20px 20px 15px #888888，设置了阴影的偏移量和颜色，如图10.9所示。

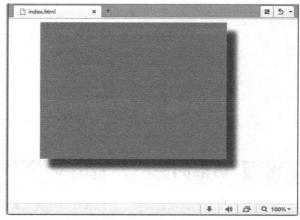

图10.9 边框阴影

10.2 背景

CSS3不再局限于背景色、背景图像的运用，添加了多个新的属性值，如background-origin、background-clip、background-size。此外，CSS3还可以在一个元素上设置多个背景图片。如果要设计比较复杂的Web页面效果，就无须使用一些多余标签来辅助实现了。

10.2.1 课堂案例——控制网页背景属性

background-origin: border-box; 背景图像相对于边框盒来定位，如图10.10所示。

图10.10 背景图像相对于边框盒来定位

01 在网页<head>与</head>之间输入CSS代码，如图10.11所示。

02 在正文中输入div代码，如图10.12所示。

```
<div class="box1">
background-origin: border-box; 背景图像相对于边框盒来定位。</div>
```

图10.11 输入CSS代码

图10.12 输入div代码

10.2.2 背景图片尺寸background-size

在CSS3之前，背景图片的尺寸是由图片的实际尺寸决定的。在CSS3中，可以规定背景图片的尺寸，这就允许我们在不同的环境中重复使用背景图片。

语法：

```
background-size: 值；
```

说明如下。

length：用长度值指定背景图片大小，不允许负值。

percentage：用百分比指定背景图片大小，不允许负值。

cover：将背景图片等比缩放到完全覆盖容器，背景图片有可能超出容器。

contain：将背景图片等比缩放到宽度或高度与容器的宽度或高度相等，背景图片始终在容器内。

举例：

```
<!doctype html>
<html>
<head>
<meta charset="utf-8">
<style>
body
{
background:url(001.jpg);
background-size:100px 90px;
-moz-background-size:63px 100px; /* 旧版本 Firefox */
background-repeat:no-repeat;
padding-top:80px;
}
</style>
</head>
<body>
<p>上面是缩小的背景图片。</p>
<p>原始图片：<img src="001.jpg" alt="Flowers" width="350" height="319"></p>
</body>
</html>
```

这里使用background-size:100px 90px，设置了背景图片的显示尺寸，如图10.13所示。

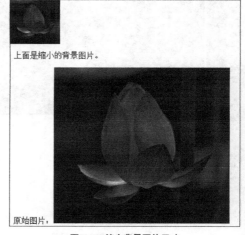

图10.13 缩小背景图片尺寸

10.2.3　背景图片定位区域background-origin

background-origin属性用来规定背景图片的定位区域。

语法：

```
background-origin: 值;
```

说明如下。

padding-box：背景图片相对于内边距框来定位。

border-box：背景图片相对于边框盒来定位。

content-box：背景图片相对于内容框来定位。

下面的代码是相对于内容框来定位背景图片。

```
div
{
background-image:url(' smiley.gif' );
background-repeat:no-repeat;
background-position:left;
background-origin:content-box;
}
```

举例：

```
<!doctype html>
<html>
<head>
<meta charset=" utf-8 " >
<style>
div{
border:1px solid black;
padding:50px;
background-image:url(' 001.jpg' );
background-repeat:no-repeat;
background-position:left;}
#div1{background-origin:border-box;}
#div2{background-origin:content-box;}
</style>
</head>
<body>
<p>background-origin:border-box:</p>
<div id=" div1 ">白石山坐落在河北涞源县，这里群山环绕，远离都市，拥有良好的自然生态环境、纯净清新的
空气、凉爽宜人的气候。暑期平均温度只有 21.7 ℃。
      白石山山体高大，奇峰林立，具有良好的天然生态环境。地貌景观独特，人文旅游资源丰富，是一个集地质、科
研、教学、观赏、旅游为一体的天然地质公园。</div>
<p>background-origin:content-box:</p>
<div id=" div2 " >
白石山植被茂密，动植物种类繁多，是华北地区物种多样性中心区之一。不少专家认为白石山是一个集黄山之奇、
华山之险、张家界之秀的旅游胜地。白石山山奇水美，以高山、峡谷、溪流、瀑布景观为主的十瀑峡景区是白石山脚下
的一条峡谷。</div>
</body>
</html>
```

这里使用 background-origin:border-box，定义了背景图片相对于边框盒来定位，使用background-origin:content-box:，定义了背景图片相对于内容框来定位，如图10.14所示。

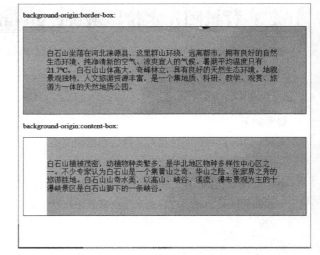

图10.14 背景图片定位区域

10.2.4 背景裁剪区域background-clip

background-clip属性指定背景在哪些区域显示，但与背景开始绘制的位置无关。背景绘制的位置可以出现在不显示背景的区域，这就相当于背景图片被不显示背景的区域裁剪了一部分。

语法：

```
background-clip: 值;
```

说明如下。

border-box：裁剪背景到边框盒。

padding-box：裁剪背景到内边距框。

content-box：裁剪背景到内容框。

下面介绍background-clip的三个属性值border-box、padding-box、content-box在实际应用中的效果，为了更好地区分它们之间的不同，先创建一个共同的示例，示例的HTML代码如下。

```
<div class="demo"></div>
```

CSS代码如下。

```
.demo {width: 350px;
    height: 280px;
    padding: 20px;
    border: 20px dashed rgba(255,0,0,0.8);
    background: green url("pic.jpg") no-repeat;
    font-size: 16px;
    font-weight: bold;
    color: red;  }
```

效果如图10.15所示，显示的是没有应用background-clip的效果。

在前面示例的基础上，在CSS代码中添加background-box:border-box属性，CSS代码如下。

```
-moz-background-clip: border;
-webkit-background-clip: border-box;
```

```
-o-background-clip: border-box;
background-clip: border-box;
```

效果如图10.16所示，可以看出，background-clip取值为border-box时，跟没有设置background-clip 效果是完全一样的，这是因为background-clip的默认值为border-box。

图10.15 没有应用background-clip的效果

图10.16 设置为border-box的效果

在上面的基础上稍做修改，把border-box换成padding-box值，此时的效果如图10.17 所示，超过padding边缘的背景都被裁剪，此时的裁剪并不是成比例裁剪背景，而是直接将超过padding边缘的背景剪切掉。

使用同样的方法，把刚才的padding-box换成content-box，效果如图10.18所示，背景只在内容区域显示，超过内容边缘的背景直接被裁掉了。

图10.17 设置为padding-box的效果

图10.18 设置为content-box的效果

10.3 文本

对于网页设计师而言，文本同样是不可忽视的因素。之前是使用Photoshop来编辑一些漂亮的样式，并插入文本。现在CSS3也可以实现这些功能，效果甚至会更好。CSS3包含多个新的文本特性。

10.3.1 课堂案例——制作3D眩光效果文字

这个简单教程先创建3D文字，然后进一步利用CSS3的transform和text-shadow属性来制作3D眩光效果文字。

01 制作HTML文件，在body正文中输入如下代码，如图10.19所示。

```html
<div class="text effect">
    <h1>3D眩光效果文字</h1>
    <h1>3D眩光效果文字</h1>
    <h1>3D眩光效果文字</h1>
    <h1>3D眩光效果文字</h1>
    <h1>3D眩光效果文字</h1>
    <h1>3D眩光效果文字</h1>
    <h1>3D眩光效果文字</h1>
    <h1>3D眩光效果文字</h1>
</div>
```

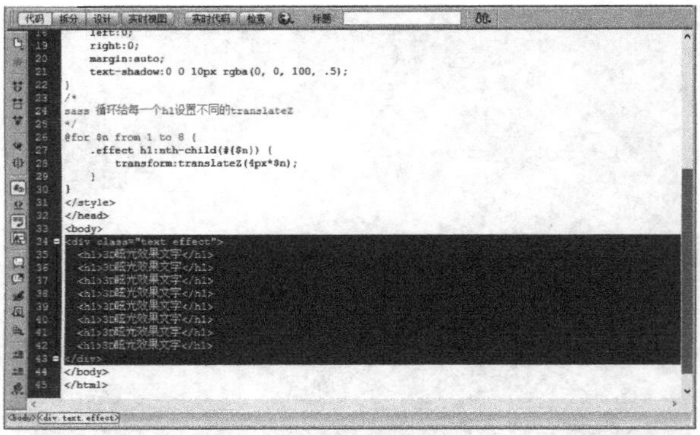

图10.19 在body正文中输入代码

02 输入CSS文件代码，如图10.20所示。

```css
<style>
.effect {
    color:#fff;
    transform-origin:center bottom;
    transform-style:preserve-3d;
    transition:all 1s;
    cursor: pointer;
}
.effect:hover {
    transform:rotate3d(1, 0, 0, 40deg);
}
.effect h1 {
    position: absolute;
    left:0;
    right:0;
    margin:auto;
    text-shadow:0 0 10px rgba(0, 0, 100, .5);
}
/*
sass 循环给每一个h1设置不同的translateZ
*/
@for $n from 1 to 8 {
    .effect h1:nth-child(#{$n}) {
        transform:translateZ(4px*$n);
    }
}
</style>
```

在浏览器中浏览，效果如图10.21所示。

图10.20 CSS文件代码　　　　　　　　　　　　　　图10.21 在浏览器中浏览的效果

10.3.2 文本阴影text-shadow

在CSS3 中，text-shadow可向文本添加阴影，可以设置水平阴影、垂直阴影、模糊距离，以及阴影的颜色。

语法：

```
text-shadow: h-shadow v-shadow blur color;
```

说明如下。

text-shadow属性用于向文本添加一个或多个阴影。该属性用逗号分隔阴影列表，每个阴影由两个或三个长度值和一个可选的颜色值组成。

h-shadow：必需，用于设置水平阴影的位置，允许是负值。

v-shadow：必需，用于设置垂直阴影的位置，允许是负值。

blur：可选，用于设置模糊的距离。

color：可选，用于设置阴影的颜色。

举例：

```
<!doctype html>
<html>
<head>
<meta charset=" utf-8 ">
<style>
h1
{
text-shadow: 8px 8px 6px #FF0000;
}
</style>
<title>文本阴影效果！</title>
</head>
<body>
<h1>文本阴影效果！</h1>
</body>
</html>
```

这里使用text-shadow: 8px 8px 6px #FF0000，设置了
文本的阴影位置和颜色，效果如图10.22所示。

图10.22 文本阴影

10.3.3 强制换行word-wrap

word-wrap属性允许长单词或URL地址换行。

语法：

```
word-wrap: normal|break-word;
```

说明如下。

normal：只在允许的断字点换行（浏览器保持默认处理）。

break-word：在长单词或URL地址内部进行换行。

举例：

```
<!doctype html>
<html>
<head>
<meta charset="utf-8">
<style>
p.test
{ width:11em;
border:3px dotted #009900;
word-wrap:break-word;}
</style>
</head>
<body>
<p class="test">这是个很长的单词——pneumonoultramicroscopicsilicovolcanoconiosis。这个单词将会被
分开并且强制换行。</p>
</body>
</html>
```

图10.23所示是没有换行的效果，当使用了word-wrap:break-word就可以将长单词换行，如图10.24所示。

图10.23 没有换行的效果

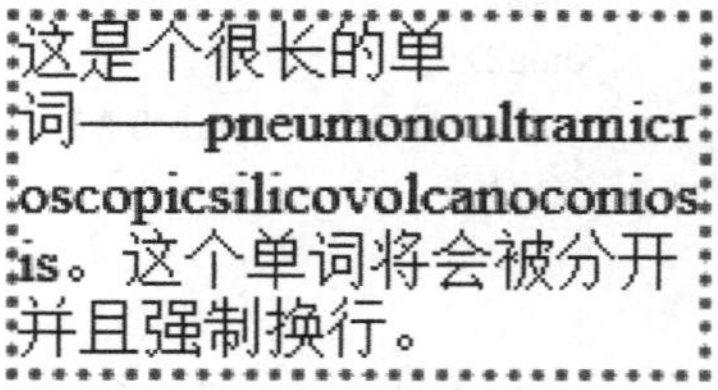

图10.24 长单词换行

10.3.4 文本溢出text-over ow

text-over ow用于设置或检索是否使用省略标签（…）标示对象内文本的溢出。

语法：

```
text-overflow: 值
```

说明如下。

clip：当对象内文本溢出时不显示省略标签（…），而是将溢出的部分裁切掉。

ellipsis：当对象内文本溢出时显示省略标签（…）。

举例：

```
<!doctype html>
<html>
<head>
<meta charset="utf-8">
<title>text-overflow实例</title>
<style>
.test_clip {
    text-overflow:clip;
    overflow:hidden;
    white-space:nowrap;
    width:224px;
    background: #FC9;
}
.test_ellipsis {
    text-overflow:ellipsis;
    overflow:hidden;
    white-space:nowrap;
    width:224px;
    background:#FC9;
}
</style>
</head>
<body>
<h2>text-overflow : clip </h2>
  <div class="test_clip">
    不显示省略标记，而是简单地裁切掉
</div>
<h2>text-overflow : ellipsis </h2>
<div class="test_ellipsis">
    当对象内文本溢出时显示省略标记
</div>
</body>
</html>
```

运行代码，结果如图10.25所示。text-over ow设置为clip时，不显示省略标记，而是简单地裁切掉溢出的文字。text-overflow设置为ellipsis时，当对象内文本溢出时显示省略标记。

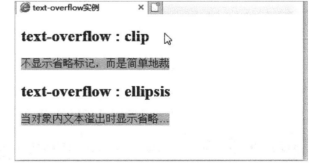

图10.25 text-over ow实例

10.3.5 文字描边text-stroke

text-stroke可以为文字添加描边，可以设置文字边框的宽度和颜色。

语法：

```
text-stroke：值
```

说明如下。

text-stroke-width：设置对象中文字的描边厚度。

text-stroke-color：设置对象中文字的描边颜色。

举例：

```
<!doctype html>
<html>
<head>
<meta charset=" utf-8 " >
<title>text-stroke示例</title>
<style>
html,body{font:bold 14px/1.5 georgia,simsun,sans-serif;text-align:center;}
.stroke h1{margin:2;padding:15px 0 0;}
.stroke p{ margin:50px auto 100px;font-size:100px;
    -webkit-text-stroke:3px #F00;}
</style>
</head>
<body>
<div class=" stroke " >
    <h1>text-stroke描边文字：</h1>
    <p>我被描了3像素红边</p>
</div>
</body>
</html>
```

这里使用text-stroke:3px #F00设置了段落中的文字描边厚度和颜色，效果如图10.26所示。

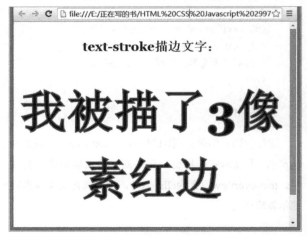

图10.26 文字描边效果

10.3.6 文本填充颜色text-fill-color

text-fill-color是CSS3中的属性，表示文字填充颜色，其效果基本上与color一样，目前仅在以webkit为核心的浏览器中支持此属性。如果同时设置color与text-fill-color属性，颜色填充会覆盖本身的颜色，即文字只显示text-fill-color设置的颜色。

语法：

```
text-fill-color: color
```

说明如下。

color：指定文字的填充颜色。

举例：

```
<!doctype html>
<html>
<head>
<meta charset="utf-8">
<title>text-fill-color实例</title>
<style>
html,body{margin:50px 0;}
.text-fill-color{
  width:600px;
  margin:0 auto;
  background:-webkit-linear-gradient(top,#eee,#aaa 50%,#333 51%,#000);
  -webkit-background-clip:text;
  -webkit-text-fill-color:transparent;
  font:bold 80px/1.231 georgia,sans-serif;
  text-transform:uppercase;
}
</style>
</head>
<body>
<div class="text-fill-color">文本填充颜色</div>
</body>
</html>
```

这里使用text-fill-color:transparent设置文本填充颜色为透明，在浏览器中浏览，效果如图10.27所示。

图10.27　文本填充颜色

10.4　多列

CSS3能够创建多个列来布局文本，就像报纸那样。在本节中，将学习column-count、column-gap、column-rule多列属性。

10.4.1 课堂案例——制作多列布局的Web页面

CSS3中新出现的多列布局是传统HTML网页中块状布局模式的有力扩充。这种新语法能够让网页开发人员轻松地让文本呈现多列显示。

当一行文字太长时，读起来就比较费劲，有可能读错行或读串行。所以，为了最大效率地使用大屏幕显示器，页面设计中需要限制文本的宽度，让文本按多列呈现，就像报纸上的新闻排版一样。

01 输入HTML代码如下，如图10.28所示。

```
<div class="wrapper">大江东去，浪淘尽，千古风流人物。<br>
    故垒西边，人道是，三国周郎赤壁。<br>
    乱石穿空，惊涛拍岸，卷起千堆雪。<br>
    江山如画，一时多少豪杰。<br>
    遥想公瑾当年，小乔初嫁了，雄姿英发。<br>
    羽扇纶巾，谈笑间，樯橹灰飞烟灭。<br>
    故国神游，多情应笑我，早生华发。<br>
    人生如梦，一尊还酹江月。</div>
```

02 输入CSS代码，设置列数为3，如图10.29所示。

```
<style>
.wrapper {
    width: 100%;
    padding: 20px;
    box-sizing: border-box;
    /*设置列数*/
    column-count: 3;
  }
</style>
```

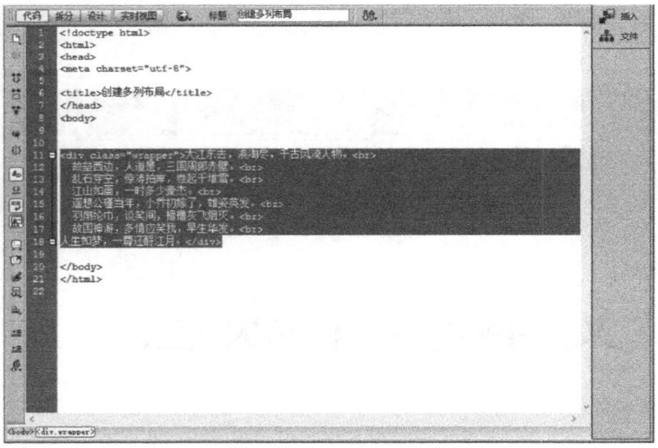

图10.28 输入HTML代码

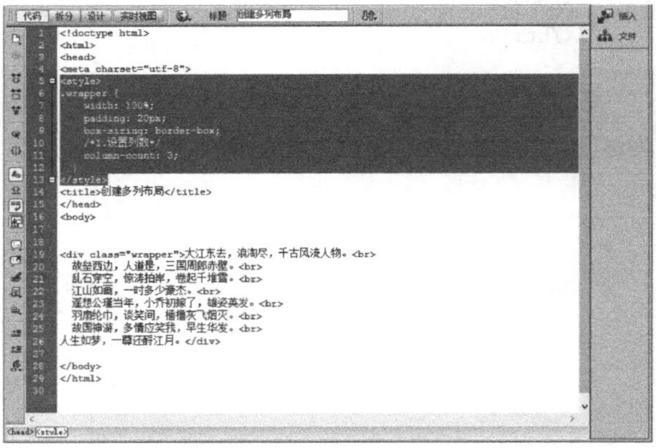

图10.29 设置列数为3

03 设置列间隙样式和列间隙大小，代码如下，如图10.30所示。

```
/*设置列间隙样式*/
column-rule: dashed 3px red;
/*设置列间隙大小*/
column-gap: 50px;
```

设置列宽，代码如下，如图10.31所示。

```
/*4.设置列宽*/
column-width: 20px;
```

图10.30 设置列间隙样式和列间隙大小

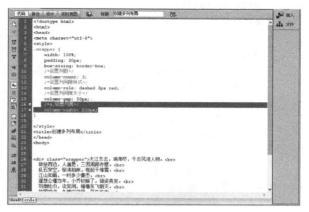

图10.31 设置列宽

05 优先取大原则，如果人为设置的宽度更大，则取人为设置的宽度，但是会填充整个屏幕，意味最终的宽度可能会大于设置的宽度，如果人为设置宽度更小，使用计算机默认的宽度。在浏览器中浏览，效果如图10.32所示。

图10.32 浏览效果

10.4.2 多列column-count

column-count属性规定元素分隔的列数。

语法：

```
column-count:值;
```

说明如下。

number：元素内容将被划分的最佳列数。

auto：由其他属性决定列数，如column-width。

将div元素中的文本分为3列。

```
div
{
-moz-column-count:3; /* Firefox */
-webkit-column-count:3; /* Safari 和 Chrome */
column-count:3;
}
```

举例：

```
<!doctype html>
<html>
<head>
<meta charset=" utf-8 ">
```

```
<style>
.newspaper
{-moz-column-count:3; /* Firefox */
-webkit-column-count:3; /* Safari and Chrome */
column-count:3;}
</style>
</head>
<body>
<div class=" newspaper ">大江东去，浪淘尽，千古风流人物。<br>
    故垒西边，人道是，三国周郎赤壁。<br>
    乱石穿空，惊涛拍岸，卷起千堆雪。<br>
    江山如画，一时多少豪杰。<br>
    遥想公瑾当年，小乔初嫁了，雄姿英发。<br>
    羽扇纶巾，谈笑间，樯橹灰飞烟灭。<br>
    故国神游，多情应笑我，早生华发。<br>
人生如梦，一尊还酹江月。</div>
</body>
</html>
```

这里使用column-count:3将整段文字分成3列，如图
10.33所示。

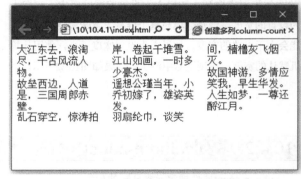

图10.33 创建3列文字

10.4.3 列的宽度column-width

column-width用于设置对象每列的宽度。

语法：

```
column-width: 值;
```

说明如下。

length：用长度值来定义列宽。

auto：根据column-count自定分配宽度，默认值。

举例：

```
<!doctype html>
<html>
<head>
<meta charset=" utf-8 ">
<style>
.newspaper
{-moz-column-width:100px; /* Firefox */
```

```
-webkit-column-width:100px; /* Safari and Chrome */
column-width:100px;}
</style>
</head>
<body>
<div class=" newspaper ">大江东去，浪淘尽，千古风流人物。<br>
  故垒西边，人道是，三国周郎赤壁。<br>
  乱石穿空，惊涛拍岸，卷起千堆雪。<br>
  江山如画，一时多少豪杰。<br>
  遥想公瑾当年，小乔初嫁了，雄姿英发。<br>
  羽扇纶巾，谈笑间，樯橹灰飞烟灭。<br>
  故国神游，多情应笑我，早生华发。<br>
人生如梦，一尊还酹江月。</div>
</body>
</html>
```

这里使用column-width:100px，设置每列的宽度，左右拖动改变浏览器的宽度，可以看到每列宽度都是固定的100像素，如图10.34和图10.35所示。

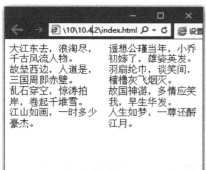

图10.34 列宽固定

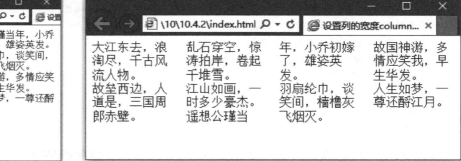

图10.35 浏览器变宽列宽固定

10.4.4 列的间隔column-gap

column-gap属性用于规定列之间的间隔。

语法：

```
column-gap:值;
```

说明如下。

length：把列的间隔设置为指定的长度。

normal：规定列间隔为一个常规的间隔。

下面的代码规定了列的间隔为50像素。

```
div
{
-moz-column-gap:50px; /* Firefox */
-webkit-column-gap:50px; /* Safari 和 Chrome */
column-gap:50px;
}
```

举例：

```
<!doctype html>
<html>
<head>
<meta charset="utf-8">
<style>
.newspaper
{-moz-column-count:3; /* Firefox */
-webkit-column-count:3; /* Safari and Chrome */
column-count:3;
-moz-column-gap:50px; /* Firefox */
-webkit-column-gap:50px; /* Safari and Chrome */
column-gap:50px;}
</style>
</head>
<body>
<div class="newspaper">大江东去，浪淘尽，千古风流人物。<br>
    故垒西边，人道是，三国周郎赤壁。<br>
    乱石穿空，惊涛拍岸，卷起千堆雪。<br>
    江山如画，一时多少豪杰。<br>
    遥想公瑾当年，小乔初嫁了，雄姿英发。<br>
    羽扇纶巾，谈笑间，樯橹灰飞烟灭。<br>
    故国神游，多情应笑我，早生华发。<br>
人生如梦，一尊还酹江月。
</div>
</body>
</html>
```

这里使用column-gap:50px，设置列的间隔是50像素，左右拖动改变浏览器的宽度，可以看到列间隔都是固定的50像素，如图10.36和图10.37所示。

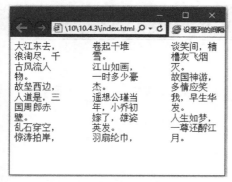

图10.36 列间隔固定

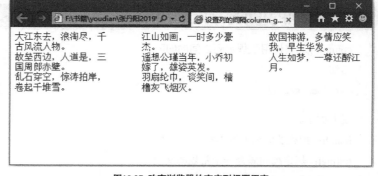

图10.37 改变浏览器的宽度列间隔固定

10.4.5 列的规则column-rule

column-rule用于规定列间宽度、样式和颜色规则。

语法：

```
column-rule: column-rule-width column-rule-style column-rule-color;
```

说明如下。

column-rule-width：设置列间宽度规则。

column-rule-style：设置列间样式规则。

column-rule-color：设置列间颜色规则。

下面的代码规定了列之间的宽度、样式和颜色规则。

```
div
{-moz-column-rule:3px outset #ff00ff; /* Firefox */
-webkit-column-rule:3px outset #ff00ff; /* Safari 和 Chrome */
column-rule:3px outset #ff00ff;}
```

举例：

```
<!doctype html>
<html>
<head>
<meta charset="utf-8">
<style>
.newspaper
{-moz-column-count:3; /* Firefox */
-webkit-column-count:3; /* Safari and Chrome */
column-count:3;
-moz-column-gap:50px; /* Firefox */
-webkit-column-gap:50px; /* Safari and Chrome */
column-gap:50px;
-moz-column-rule:4px outset #ff0000; /* Firefox */
-webkit-column-rule:4px outset #ff0000; /* Safari and Chrome */
column-rule:4px outset #ff0000;}
</style>
</head>
<body>
<div class="newspaper">大江东去，浪淘尽，千古风流人物。<br>
    故垒西边，人道是，三国周郎赤壁。<br>
    乱石穿空，惊涛拍岸，卷起千堆雪。<br>
    江山如画，一时多少豪杰。<br>
    遥想公瑾当年，小乔初嫁了，雄姿英发。<br>
    羽扇纶巾，谈笑间，樯橹灰飞烟灭。<br>
    故国神游，多情应笑我，早生华发。<br>
人生如梦，一尊还酹江月。
</div>
</body>
</html>
```

这里使用column-rule:4px outset #ff0000，设置了列间宽度、样式和颜色规则，如图10.38所示。

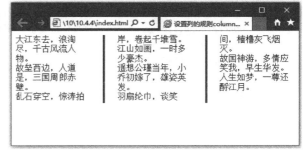

图10.38 列间宽度、样式和颜色规则

10.5 转换变形

transform在字面上的意思就是变形、转换。在CSS3中transform主要包括旋转、扭曲、缩放和移动。

10.5.1 课堂案例——设计3D几何体

下面使用CSS3设计3D立方体。通过此案例，读者可以对CSS3在实现3D效果方面的属性有一定了解。

01 在\<body\>正文中输入如下代码，插入立方体6个面的div，如图10.39所示。

```
<div class=" container " >
    <!--包裹六个面的元素-->
    <div class=" cube " >
        <!--立方体的六个面-->
        <div class=" plane-front " >前面</div>
        <div class=" plane-back " >后面</div>
        <div class=" plane-left " >左面</div>
        <div class=" plane-right " >右面</div>
        <div class=" plane-top " >上面</div>
        <div class=" plane-bottom " >下面</div>
    </div>
</div>
```

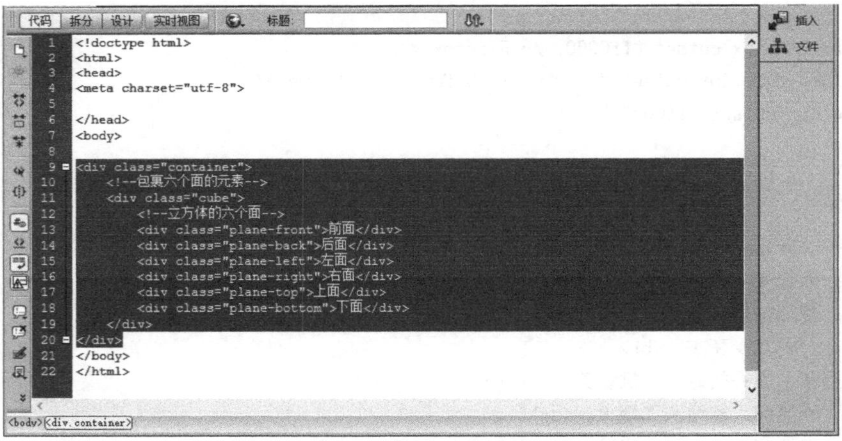

图10.39 插入立方体6个面的div

02 创建CSS样式，首先给html设置一个渐变背景，代码如下，如图10.40所示。

```
<style>
/*给html设置一个渐变背景*/
html{
    background:linear-gradient(#9ed128 0%,#358b98 70%);
    opacity: 0.7;
    height: 100%;
}
</style>
```

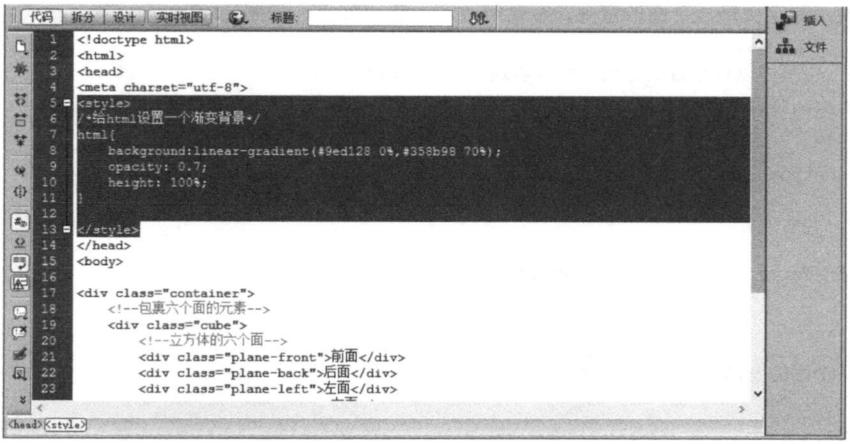

图10.40　给html设置一个渐变背景

(03) 给container设置perspective，定义透视效果和最外层六个面的container，并且定义动画，代码如下，如图10.41
所示。

```
/*给container设置perspective，定义透视效果*/
.container{ margin-top: 200px;
    perspective:1000px;}
/*定义最外层六个面的container，并且定义动画，使其旋转。然后再定义六个面的位置，六个面也会一同旋转。
*/
.cube{
    height: 200px;
    width: 200px;
    position: relative;
    margin:auto;
    transform-style:preserve-3D;/*定义3D转换*/
    animation:rotate 15s infinite;/*animation：动画名字、时长、无限循环、线性速度*/
}
```

图10.41　给container设置perspective

04 定义动画效果，并定义每一个面的宽高、行高等内容，代码如下，如图10.42所示。

```css
/*动画效果，也可以以百分百的方式，默认以逆时针方向旋转。*/
@keyframes rotate{
    from{
        transfrom:rotateY(0deg) rotateX(0deg);
    }
    to{
        transform: rotateY(360deg) rotateX(360deg);
    }
}
/* 定义每一个面的宽高、行高等内容*/
.cube>div{
    height: 100%;
    width: 100%;
    opacity: 0.9;
    position: absolute;
    text-align: center;
    background: #333;
    color:#fff;
    line-height: 200px;
    font-size: 30px;
    border:1px solid #fff;
}
```

图10.42 定义动画效果和每一个面的宽高、行高等

05 根据坐标系对每一个面进行定位，旋转得到立方体，并且设置鼠标滑过的样式，代码如下，如图10.43所示。

```css
/*根据坐标系对每一个面进行定位，旋转得到立方体*/
/* transform：向元素应用3D转换。 */
.plane-front{ transform:translateZ(100px);}
.plane-back{ transform:translateZ(-100px);}
.plane-left{ transform:rotateY(90deg) translateZ(-100px);}
.plane-right{ transform:rotateY(90deg) translateZ(100px);}
```

```
.plane-top{ transform:rotateX(90deg) translateZ(100px);}
.plane-bottom{transform:rotateX(90deg) translateZ(-100px);}
/*设置鼠标滑过的样式，让每一个面向外走100px*/
.cube:hover .plane-front{ transform:translateZ(200px);}
.cube:hover .plane-back{ transform:translateZ(-200px);}
.cube:hover .plane-left{transform:rotateY(90deg) translateZ(-200px);}
.cube:hover .plane-right{transform:rotateY(90deg) translateZ(200px);}
.cube:hover .plane-top{transform:rotateX(90deg) translateZ(200px)}
.cube:hover .plane-bottom{transform:rotateX(90deg) translateZ(-200px);}
```

06 在浏览器中浏览，效果如图10.44所示。

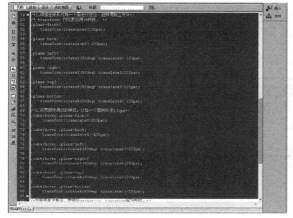

图10.43 对每一个面进行定位、旋转得到立方体

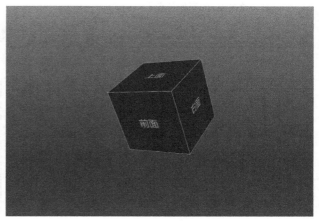

图10.44 3D立体效果

10.5.2 移动translate()

在CSS3中，可以使用translate()方法将元素沿着水平方向（x轴）和垂直方向（y轴）移动。

移动translate()分为以下3种情况。

translate(x,y)：在水平方向和垂直方向上同时移动（也就是x轴和y轴同时移动）。

translateX(x)：仅在水平方向上移动（x轴移动）。

translateY(y)：仅在垂直方向上移动（y轴移动）。

例如，下面的translate(50px,100px)把元素从左侧向右移动50像素，从顶端向下移动100像素。

```
div
{transform: translate(50px, 100px);
-ms-transform: translate(50px, 100px);          /* IE 9 */
-webkit-transform: translate(50px, 100px);      /* Safari and Chrome */
-o-transform: translate(50px, 100px);           /* Opera */
-moz-transform: translate(50px, 100px);         /* Firefox */}
```

举例：

```
<!doctype html>
<html>
<head>
<meta charset="utf-8">
<style>
div
{width:150px;
```

```
height:100px;
background-color: #3F9;
border:3px solid red;}
div#div2{transform:translate(100px, 100px);
-ms-transform:translate(100px, 100px); /* IE 9 */
-moz-transform:translate(100px, 100px); /* Firefox */
-webkit-transform:translate(100px, 100px); /* Safari and Chrome */
-o-transform:translate(100px, 100px); /* Opera */}
</style>
</head>
<body>
<div>这是div的原始位置。</div>
<div id=" div2 ">这是移动后div的位置。</div>
</body>
</html>
```

这里使用transform:translate(100px,100px)，设置了将div从左侧向右移动100像素，从顶端向下移动100像素，如图10.45所示。

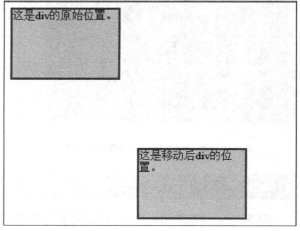

图10.45 translate()**方法移动位置**

10.5.3 旋转rotate()

rotate()方法通过给定的角度参数对原元素指定一个2D旋转，正数表示顺时针旋转，负数表示逆时针旋转。例如，下面的代码是rotate(30deg)把元素顺时针旋转30°。

```
div{
transform: rotate(30deg);
-ms-transform: rotate(30deg);        /* IE 9 */
-webkit-transform: rotate(30deg);    /* Safari and Chrome */
-o-transform: rotate(30deg);         /* Opera */
-moz-transform: rotate(30deg);       /* Firefox */
}
```

举例：

```
<!doctype html>
<html>
<head>
<meta charset=" utf-8 ">
<head>
    <title>设置旋转rotate()</title>
```

```
<style type="text/css">
    /*设置原始元素样式*/
    #origin
    {   margin:100px auto;/*水平居中*/
        width:300px;
        height:200px;
        border:1px dashed gray; }
    /*设置当前元素样式*/
    #current
    {   width:300px;
        height:200px;
        line-height:100px;
        color:white;
        background-color: #007BEE;
        text-align:center;
        transform:rotate(30deg);
        -webkit-transform:rotate(30deg);    /*兼容-webkit-引擎浏览器*/
        -moz-transform:rotate(30deg);       /*兼容-moz-引擎浏览器*/
    }
</style>
</head>
<body>
    <div id="origin">
    <div id="current">虚线框为原始位置，蓝色背景盒子为相对原点中心顺时针旋转30°后的效果。</div>
</div>
</body>
</html>
```

虚线框为原始位置，蓝色背景盒子为相对原点中心顺时针旋转30°后的效果，如图10.46所示。

图10.46　rotate()方法旋转

10.5.4　缩放scale()

元素的尺寸会根据scale()方法给定的宽度（x轴）和高度（y轴）增加或减少。缩放scale()和移动translate()相似，也具有三种情况：scale(*x*,*y*)使元素在水平方向和垂直方向上同时缩放；scaleX(*x*)元素仅在水平方向上缩放（*x*轴缩放）；scaleY(*y*)元素仅在垂直方向上缩放（*y*轴缩放）。三种情况具有相同的缩放中心点和基数，其缩放中心点是元素的中心位置，缩放基数为1，如果基数值大于1，元素就放大，基数值小于1，元素则缩小。

例如，scale(2,3)表示宽度转换为原始尺寸的2倍，高度转换为原始高度的3倍。

```
div{transform: scale(2,3);
-ms-transform: scale(2,3);  /* IE 9 */
-webkit-transform: scale(2,3);/* Safari 和 Chrome */
-o-transform: scale(2,3);/* Opera */
-moz-transform: scale(2,3); /* Firefox */}
```

举例：

```
<!doctype html>
<html>
<head>
<meta charset="utf-8">
<style>
div{width:160px;
height:100px;
background-color: #3F9;
border:3px solid red;}
div#div2{margin:100px;
transform:scale(2,3);
-ms-transform:scale(2,3); /* IE 9 */
-moz-transform:scale(2,3); /* Firefox */
-webkit-transform:scale(2,3); /* Safari and Chrome */
-o-transform:scale(2,3); /* Opera */}
</style>
</head>
<body>
<div>这是 div的原始位置。</div>
<div id="div2">transform:scale(2,3)把元素宽度转换为原始宽度的2倍，把高度转换为原始高度的3倍。
</div>
</body>
</html>
```

transform:scale(2,3)把元素的宽度转换为原始的2倍，高度转换为原始的3倍，效果如图10.47所示。

图10.47　宽度放大至2倍，高度放大至3倍

10.5.5 扭曲skew()

扭曲 skew()和 translate()、scale()一样，同样具有三种情况：skew(x, y)使元素在水平和垂直方向上同时扭曲；skewX(x)仅使元素在水平方向上扭曲变形（x轴扭曲变形）；skewY(y)仅使元素在垂直方向上扭曲变形（x轴扭曲变形）。

例如，skew(30deg,40deg)表示把元素沿水平方向（x轴）顺时针扭曲30°，沿垂直方向（y轴）顺时针扭曲40°。

```
div
{transform: skew(30deg, 40deg);
-ms-transform: skew(30deg, 40deg);      /* IE 9 */
-webkit-transform: skew(30deg, 40deg);        /* Safari and Chrome */
-o-transform: skew(30deg, 40deg);     /* Opera */
-moz-transform: skew(30deg, 40deg);    /* Firefox */}
```

举例：

```
<!doctype html>
<html>
<head>
<meta charset="utf-8">
<style>
div{
width:150px;
height:100px;
background-color: #3F9;
border:3px solid red;}
div#div2{transform:skew(10deg, 5deg);
-ms-transform:skew(10deg, 5deg); /* IE 9 */
-moz-transform:skew(10deg, 5deg); /* Firefox */
-webkit-transform:skew(10deg, 5deg); /* Safari and Chrome */
-o-transform:skew(10deg, 5deg); /* Opera */}
</style>
<title>设置扭曲skew()</title>
</head>
<body>
<div>这是div的原始位置。</div>
<div id="div2">把元素围绕x轴扭曲10°，围绕y轴扭曲5°。</div>
</body>
</html>
```

transform:skew(10deg,5deg)设置元素围绕x轴扭曲10°，围绕y轴扭曲5°，如图10.48所示。

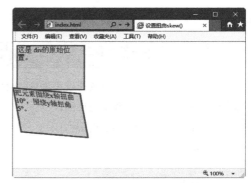

图10.48 元素围绕x轴翻转10°，围绕y轴翻转5°

227

10.5.6 矩阵matrix()

matrix()方法把所有2D转换方法组合在一起。matrix()方法需要6个参数，包含数学函数，允许旋转、缩放、移动及倾斜元素，相当于一个变换矩阵。

举例：

```
<!doctype html>
<html>
<head>
<meta charset=" utf-8 " >
<style>
div{width:150px;
height:100px;
background-color: #3F9;
border:3px solid red;}
div#div2{transform:matrix(0.866,0.5,-0.5,0.866,0,0);
-ms-transform:matrix(0.866,0.5,-0.5,0.866,0,0);          /* IE 9 */
-moz-transform:matrix(0.866,0.5,-0.5,0.866,0,0);         /* Firefox */
-webkit-transform:matrix(0.866,0.5,-0.5,0.866,0,0);      /* Safari and Chrome */
-o-transform:matrix(0.866,0.5,-0.5,0.866,0,0);           /* Opera */</style>
<title>设置矩阵</title>
</head>
<body>
<div>这是 div的原始位置。</div>
<div id=" div2 ">使用matrix()方法将div元素顺时针旋转30°。</div>
</body>
</html>
```

这里使用了matrix()方法将div元素顺时针旋转 30°，如图10.49所示。

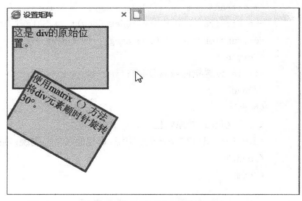

图10.49 将div元素顺时针旋转30°

10.5.7 课堂练习——美观的图片排列

CSS3是现在Web开发领域的技术热点，给Web开发带来了革命性的影响。下面介绍CSS3应用的例子，你能从中体会到CSS3中许多令人欣喜的特性。

本例演示如何排列并旋转图片。

```
<!doctype html>
<html>
<head>
<meta charset=" utf-8 " >
```

```
<style>
body
{margin:30px;
background-color:#E9E9E9;}
div.polaroid
{width:410px;
padding:10px 10px 20px 10px;
border:2px solid #BFBFBF;
background-color:white;
/* 添加盒子阴影 */
box-shadow:4px 4px 4px #aaaaaa;}
div.rotate_left
{float:left;
-ms-transform:rotate(7deg); /* IE 9 */
-moz-transform:rotate(7deg); /* Firefox */
-webkit-transform:rotate(7deg); /* Safari and Chrome */
-o-transform:rotate(7deg); /* Opera */
transform:rotate(7deg);}
div.rotate_right
{float:left;
-ms-transform:rotate(-8deg); /* IE 9 */
-moz-transform:rotate(-8deg); /* Firefox */
-webkit-transform:rotate(-8deg); /* Safari and Chrome */
-o-transform:rotate(-8deg); /* Opera */
transform:rotate(-8deg);}
</style>
</head>
<body>
<div class="polaroid rotate_left">
<img src="001.jpg" width="400" height="400" />
<p class="caption">满山遍野的花儿，蓝天白云</p>
</div>
<div class="polaroid rotate_right">
<img src="002.jpg" width="400" height="400" />
<p class="caption">黄色的花儿开得多美啊</p>
</div>
</body>
</html>
```

这里使用transform:rotate(7deg)和transform:rotate(-8deg)分别对图片进行顺时针旋转和逆时针旋转，如图10.50所示。

图10.50 美观的图片

10.6 课后习题

1. 填空题

（1）_____可以说是CSS3中的重要的属性，从其字面意思上看，我们可以理解为"边框图片"，通俗的说就是使用图片作为边框。这样一来边框的样式就不像以前只有单调的实线、虚线、点状线了。

（2）_____属性指定了背景在哪些区域显示，但与背景开始绘制的位置无关，背景的绘制的位置可以出现在不显示背景的区域，这时就相当于背景图片被不显示背景的区域裁剪了一部分。

（3）_____可以为文字添加描边，可以设置文字边框的宽度和颜色。

（4）以前给一个块元素设置阴影，只能通过给块级元素设置背景来实现，当然在IE浏览器还可以通过微软的shadow滤镜来实现，不过也只在IE浏览器下有效，其兼容性差。但是CSS3的_____属性使这一问题变得简单了。

2. 操作题

制作图10.51所示的美观排列图片。

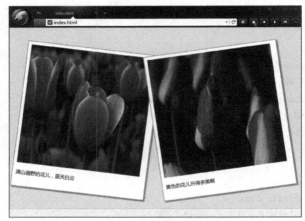

图10.51 美观排列图片

第11章

CSS盒子模型

内容摘要

CSS + div是常用的网站设计标准术语，CSS+div的结构被越来越多的人采用。很多人使用CSS替代表格来布局页面，CSS布局的页面结构简洁，定位更灵活，CSS布局的最终目的是搭建完善的页面架构。在XHTML网站设计标准中，不再使用表格定位技术，而是采用CSS+div的方式来实现各种定位。

课堂学习目标

- 认识盒模型
- 掌握内边距的使用方法
- 掌握外边距的使用方法
- 掌握边框的使用方法

11.1 认识盒模型

CSS盒子是用来装东西的，比如我们要将文字、图片布局到网页中，那就需要一个像盒子一样的东西来装。这个时候我们对对象设置CSS高度、CSS宽度、CSS边框、CSS边距、填充，即创建盒子模型。

如果想熟练掌握div和CSS的布局方法，要对盒模型有足够的了解。盒子模型是CSS布局网页时非常重要的概念，只有很好地掌握了盒子模型及其中每个元素的使用方法，才能真正地规划网页中各个元素的位置。

页面中所有的元素都可以看作一个装东西的盒子，盒子中的内容到盒子边框的距离即内边距（padding）。盒子本身有边框（border），盒子边框外和其他盒子之间的距离即外边距（margin）。

一个盒子由4个独立部分组成，如图11.1所示。

最外面的是外边距（margin）；

第二部分是边框（border），边框可以有不同的样式；

第三部分是内边距（padding），填充内容区域与边框（border）之间的空白；

第四部分是内容区域。

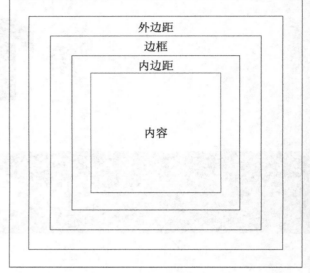

图11.1 盒子模型图

内边距、边框和外边距都分为上、右、下、左4个方向，既可以分别定义，也可以统一定义。当使用CSS定义盒子的宽和高时，定义的并不是内容区域、内边距、边框和外边距所占的总区域，而是内容区域的宽和高。为了计算盒子所占的实际区域必须加上内边距、边框和外边距。

实际宽度=左外边距+左边框+左内边距+内容宽度（width）+右内边距+右边框+右外边距

实际高度=上外边距+上边框+上内边距+内容高度（height）+下内边距+下边框+下外边距

例如，假设框的每个边上有10像素的外边距和5个像素的内边距。如果希望这个元素框达到100像素，就需要将内容的宽度设置为70像素，如图11.2所示。

```
#box {
    width: 70px;
    margin: 10px;
    padding: 5px;
}
```

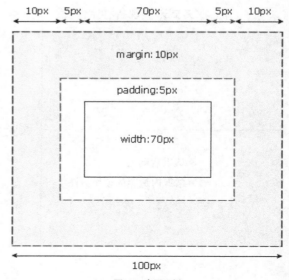

图11.2 盒子示例

11.2 外边距

围绕在元素边框的空白区域是外边距。设置外边距会在元素外创建额外的空白。设置外边距最简单的方法是使用margin属性，这个属性可接受任何长度单位、百分比、甚至负值。

margin可以设置为auto，常见的做法是为外边距设置长度值。下面的代码在img元素的各个边上设置了宽10像素的空白。

```
img {margin: 10px;}
```

下面例子为img元素的四个边分别定义了不同的外边距，长度单位是像素 (px)：

```
img {margin : 10px 0px 15px 5px;}
```

11.2.1 课堂案例——设置盒子外边距

外边距指的是围绕在元素边框的空白区域，可以通过margin属性来设置外边距，margin属性接受任何长度单位、百分比，甚至负值。下面是设置盒子外边距的示例，显示效果如图11.3所示。

```
<!doctype html>
<html>
<head>
<meta charset=" utf-8 ">
<style type=" text/css ">
p
{    background-color: pink;
     margin-top: 100px;
     margin-bottom: 100px;
     margin-right: 50px;
     margin-left: 50px;
     font-size: 36px;}
</style>
</head>
<body>
<p>设置盒子外边距</p>
</body>
</html>
```

图11.3 设置盒子外边距

11.2.2 上外边距margin-top

上边距也叫顶端边距，可以设置元素的上边界，可以使用长度值或百分比。

语法：

```
margin-top: 边距值
```

说明如下。

margin-top取值范围包括如下：

长度值相当于设置顶端的绝对边距值，包括数字和单位；

百分比是设置相对于上级元素宽度的百分比，允许使用负值；

auto是自动取边距值，即元素的默认值。

举例：

```
<!doctype html>
<html>
<head>
<meta charset="utf-8">
<style type="text/css">
p.topmargin {margin-top: 5cm}
</style>
</head>
<body>
<p>这个段落没有指定上外边距。</p>
<p class="topmargin">这个段落带有指定的上外边距。</p>
</body>
</html>
```

查看结果如图11.4所示。

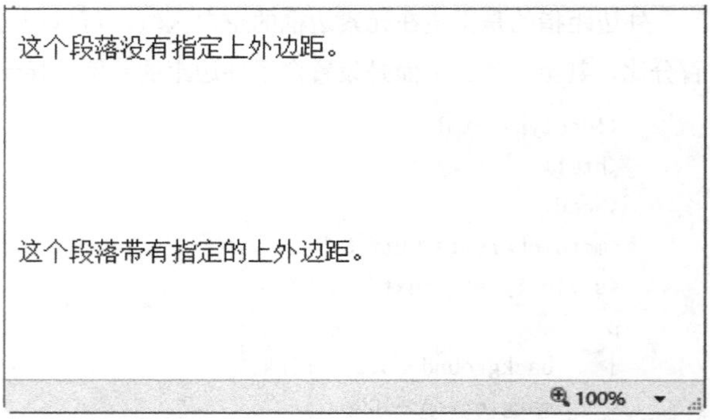

这个段落没有指定上外边距。

这个段落带有指定的上外边距。

🔍 100%

图11.4 上外边距

11.2.3 右外边距margin-right

右外边距可以设置元素的右边界，可以使用长度值或百分比。

语法：

```
margin-right: 边距值
```

说明如下。

margin-right取值范围包括如下：

长度值相当于设置右端的绝对边距值，包括数字和单位；

百分比是设置相对于上级元素宽度的百分比，允许使用负值；

auto是自动取边距值，即元素的默认值。

举例：

```
<!doctype html>
<html>
<head>
<meta charset="utf-8">
<style type="text/css">
p.rightmargin {margin-right: 4cm}
</style>
</head>
<body>
```

```
<p><strong>这个段落没有指定右外边距。</strong></p>
<p>珍珠泉位于延庆区珍珠泉乡，毗邻珍珠泉度假村和珍珠泉山庄，是珍珠山水的代表作和核心景区。珍珠泉在明
清时期是延庆八景之一。据传说，明永乐皇帝北征时，曾饮此泉水并赐名珍珠泉。</p>
<p> </p>
<p class="rightmargin"><strong>这个段落带有指定的右外边距。</strong></p>
<p class="rightmargin">珍珠喷玉公园内种植了各种特色香草花卉，马鞭草、薰衣草、波斯菊、紫苏、醉蝶
花、麦秆菊、小丽花、万寿菊、千日红等，花丛中阡陌相间，到处是嫣红姹紫，暗香浮动，令人心旷神怡。公园中心建
有红色花朵雕塑——怒放，远远看去，犹如熊熊燃烧的火焰，充满了热情与活力，欣欣向荣，表达了珍珠泉乡人民对未
来的美好祝愿。</p>
</body>
</html>
```

查看结果如图11.5所示。

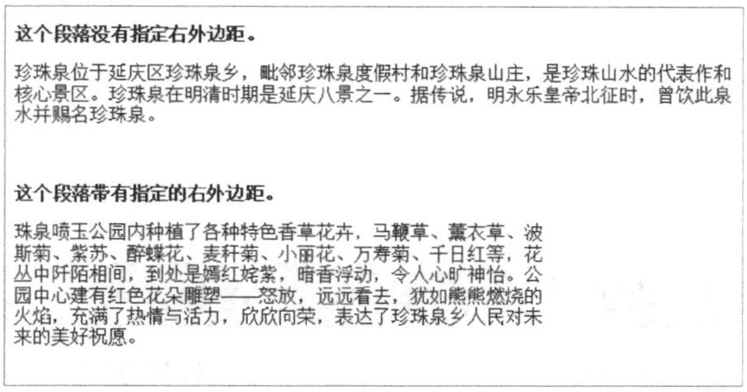

图11.5　右外边距

11.2.4　下外边距margin-bottom

下外边距可以设置元素的下边界，可以使用长度值或百分比。

语法：

```
margin-bottom: 边距值
```

说明如下。

margin-bottom取值范围包括如下：

长度值相当于设置下端的绝对边距值，包括数字和单位；

百分比是设置相对于上级元素宽度的百分比，允许使用负值；

auto是自动取边距值，即元素的默认值。

举例：

```
<!doctype html>
<html>
<head>
<meta charset="utf-8">
<style type="text/css">
p.rightmargin {margin-bottom: 4cm}
</style>
</head>
<body>
<p><strong>这个段落没有指定下外边距。</strong></p>
<p>珍珠泉位于延庆区珍珠泉乡，毗邻珍珠泉度假村和珍珠泉山庄，是珍珠山水的代表作和核心景区。珍珠泉在明
清时期是延庆八景之一。据传说，明永乐皇帝北征时，曾饮此泉水并赐名珍珠泉。</p>
<p> </p>
<p><strong>这个段落带有指定的下外边距。</strong></p>
```

```
<p class="rightmargin">珠泉喷玉公园内种植了各种特色香草花卉，马鞭草、薰衣草、波斯菊、紫苏、醉蝶
花、麦秆菊、小丽花、万寿菊、千日红等，花丛中阡陌相间，到处是嫣红姹紫，暗香浮动，令人心旷神怡。公园中心建
有红色花朵雕塑——怒放，远远看去，犹如熊熊燃烧的火焰，充满了热情与活力，欣欣向荣，表达了珍珠泉乡人民对未
来的美好祝愿。</p>
    </body>
    </html>
```

查看结果如图11.6所示。

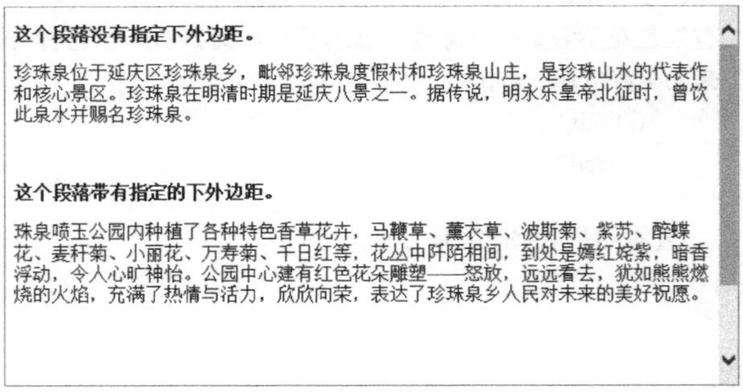

图11.6 下外边距

11.2.5 左外边距margin-left

左外边距可以设置元素的左边界，可以使用长度值或百分比。

语法：

```
margin-left: 边距值
```

说明如下。

margin-left取值范围包括如下：

长度值相当于设置左端的绝对边距值，包括数字和单位；

百分比是设置相对于上级元素宽度的百分比，允许使用负值；

auto是自动取边距值，即元素的默认值。

举例：

```
<!doctype html>
<html>
<head>
<meta charset="utf-8">
<style type="text/css">
p.rightmargin {margin-left: 4cm}
</style>
</head>
<body>
<p><strong>这个段落没有指定外边距。</strong></p>
<p>珍珠泉位于延庆区珍珠泉乡，毗邻珍珠泉度假村和珍珠泉山庄，是珍珠山水的代表作和核心景区。珍珠泉在明
清时期是延庆八景之一。据传说，明永乐皇帝北征时，曾饮此泉水并赐名珍珠泉。</p>
<p> </p>
<p class="rightmargin"><strong>这个段落带有指定的左外边距。</strong></p>
<p class="rightmargin">珍珠喷玉公园内种植了各种特色香草花卉，马鞭草、薰衣草、波斯菊、紫苏、醉蝶
花、麦秆菊、小丽花、万寿菊、千日红等，花丛中阡陌相间，到处是嫣红姹紫，暗香浮动，令人心旷神怡。公园中心建
有红色花朵雕塑——怒放，远远看去，犹如熊熊燃烧的火焰，充满了热情与活力，欣欣向荣，表达了珍珠泉乡人民对未
来的美好祝愿。</p>
```

```
    </body>
    </html>
```

查看结果如图11.7所示。

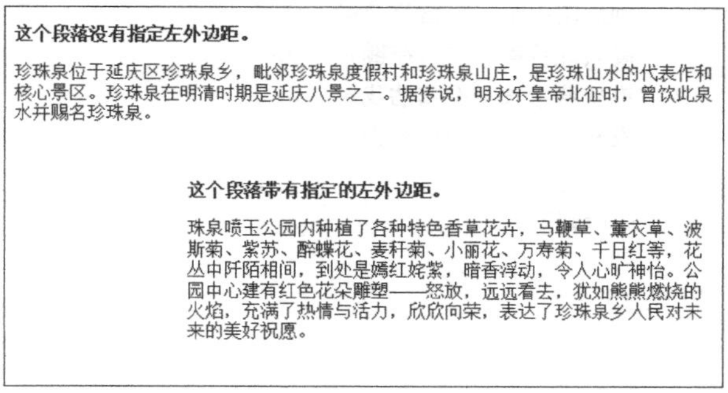

> **这个段落没有指定左外边距。**
>
> 珍珠泉位于延庆区珍珠泉乡，毗邻珍珠泉度假村和珍珠泉山庄，是珍珠山水的代表作和核心景区。珍珠泉在明清时期是延庆八景之一。据传说，明永乐皇帝北征时，曾饮此泉水并赐名珍珠泉。
>
> **这个段落带有指定的左外边距。**
>
> 珠泉喷玉公园内种植了各种特色香草花卉，马鞭草、薰衣草、波斯菊、紫苏、醉蝶花、麦秆菊、小丽花、万寿菊、千日红等，花丛中阡陌相间，到处是嫣红姹紫，暗香浮动，令人心旷神怡。公园中心建有红色花朵雕塑——怒放，远远看去，犹如熊熊燃烧的火焰，充满了热情与活力，欣欣向荣，表达了珍珠泉乡人民对未来的美好祝愿。

图11.7　左外边距

11.3　内边距

元素的内边距在边框和内容区之间。CSS padding属性可以定义元素边框与元素内容之间的空白区域。

11.3.1　课堂案例——设置盒子内边距

内边距越大，边框和内容之间距离就越大，相对而言，内容就越少。下面的例子是设置盒子的内边距，两首古诗分别用两个盒子，设置了不同盒子的内边距，如图11.8所示。

```
<!doctype html>
<html>
    <head>
        <meta charset=" UTF-8 " >
        <title></title>
        <style type=" text/css " >
            div {
                border: 2px solid #F30;
                /*内边距,元素跟内容的距离*/
                padding: 30px;
            }

            p { border: 2px solid #F30;
                /*第一个参数表示上下方向,第二个参数表示左右方向*/
                padding: 5px 10px;
            }
        </style>
    </head>
<body>
<div>
    <strong>登高</strong><br>
    <br>
    风急天高猿啸哀，渚清沙白鸟飞回。 <br>
    无边落木萧萧下，不尽长江滚滚来。<br>
    万里悲秋常作客，百年多病独登台。<br>
    艰难苦恨繁霜鬓，潦倒新停浊酒杯。</div>
<p>
<strong>归园田居·种豆南山</strong><br>
<br>
```

```
种豆南山下，草盛豆苗稀。<br>
晨兴理荒秽，带月荷锄归。<br>
道狭草木长，夕露沾我衣。<br>
衣沾不足惜，但使愿无违。 </p>
</body>
</html>
```

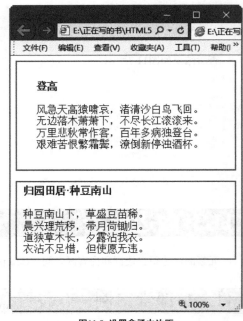

图11.8 设置盒子内边距

11.3.2 上内边距padding-top

padding-top属性用于设置元素的上内边距。

语法：

```
padding-top:数值
```

说明：

数值可以设置为长度值或百分比，但百分比不能使用负数。

举例：

```
<!doctype html>
<html>
<head>
<meta charset="utf-8">
<style type="text/css">
td {padding-top: 3cm}
</style>
</head>
<body>
<table border="1">
<tr>
<td >
这个表格单元拥有3cm的上内边距。
</td>
</tr>
</table>
</body>
</html>
```

图11.9 上内边距

查看结果如图11.9所示。

11.3.3 右内边距padding-right

padding-right属性用于设置元素的右内边距。

语法：

```
padding-right:数值
```

说明：

数值可以设置为长度值或百分比，但百分比不能使用负数。

举例：

```
<!doctype html>
<html>
<head>
<meta charset=" utf-8 ">
<style type=" text/css ">
td {padding-right: 3cm}
</style>
</head>
<body>
<table border=" 1 ">
<tr>
<td >
这个表格单元拥有3cm的右内边距。
</td>
</tr>
</table>
</body>
</html>
```

查看结果如图11.10所示。

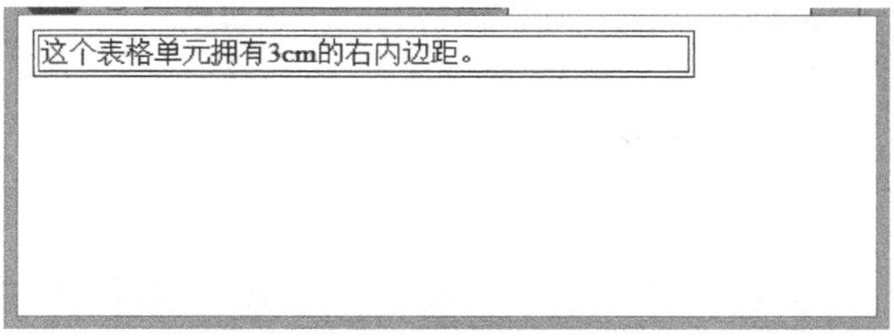

图11.10 右内边距

11.3.4 下内边距padding-bottom

padding-bottom属性用于设置元素的下内边距。

语法：

```
padding-bottom:数值
```

说明：

数值可以设置为长度值或百分比，但百分比不能使用负数。

举例：

```
<!doctype html>
<html>
```

```
<head>
<meta charset=" utf-8 ">
<style type=" text/css ">
td {padding-bottom: 3cm}
</style>
</head>
<body>
<table border=" 1 ">
<tr>
<td >
这个表格单元拥有3cm的下内边距。
</td>
</tr>
</table>
</body>
</html>
```

查看结果如图11.11所示。

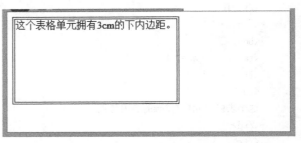

这个表格单元拥有3cm的下内边距。

图11.11 下内边距

11.3.5 左内边距padding-left

padding-left属性用于设置元素的左内边距。

语法：

```
padding-left:数值
```

说明：

数值可以设置为长度值或百分比，但百分比不能使用负数。

举例：

```
<!doctype html>
<html>
<head>
<meta charset=" utf-8 ">
<style type=" text/css ">
td {padding-left: 3cm}
</style>
</head>
<body>
<table border=" 1 ">
<tr>
<td >
这个表格单元拥有3cm的左内边距。
```

```
</td>
</tr>
</table>
</body>
</html>
```

查看结果如图11.12所示。

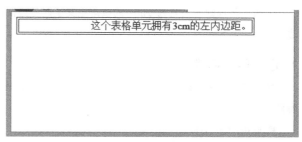

图11.12 左内边距

11.4 边框

边框中有3个属性：一是边框宽度，用于设置边框的宽度；二是边框颜色，用于设置边框的颜色；三是边框样式，用于控制边框的样式。

11.4.1 课堂案例——制作立体边框效果

CSS通过简写表达式来设置对象边框border样式，起到简化代码作用。下面是制作立体边框的例子，显示效果如图11.13所示。

```
<!doctype html>
<html>
<head>
<meta charset="utf-8">
    <title>Title</title>
    <style type="text/css">
    .box{
        width: 200px;
        height: 200px;
      border-width: 5px 10px; /* 上下 左右*/
      border-style: solid dotted double dashed; /* 上右下左 */
      border-color: red green blue; /* 上 左右 下 */
      }
    </style>
</head>
<body>
    <div class="box"></div>
</body>
</html>
```

图11.13 立体边框效果

11.4.2 边框样式border-style

border-style属性用于定义边框的风格样式，但必须用于指定可见的边框。

1. 定义多种样式

可以为一个边框定义多个样式，例如：

```
p.aside {border-style: solid dotted dashed double;}
```

上面这条规则为类名为 aside 的段落定义了四种边框样式：实线上边框、点线右边框、虚线下边框和一个双线左边框。

2. 定义单边样式

如果为元素框的某一个边设置边框样式，而不是设置所有4个边的边框样式，可以使用下面的单边边框样式属性。

● border-top-style；

● border-right-style；

● border-bottom-style；

● border-left-style。

语法如下。

```
border-style: 样式值；
border-top-style: 样式值；
border-right-style: 样式值；
border-bottom-style:样式值；
border-left-style: 样式值；
```

说明如下。

边框的取值有9种，如表11-1所示。

表11-1 边框样式的取值和含义

取值	含义
none	默认值，无边框
dotted	点线边框
dashed	虚线边框
solid	实线边框
double	双实线边框
groove	边框具有立体感的沟槽
ridge	边框成脊形
inset	使整个边框凹陷，即在边框内嵌入一个立体边框
outset	使整个边框凸起，即在边框外嵌入一个立体边框

举例：

```
<!doctype html>
<html>
<head>
<meta charset=" utf-8 " >
<title>边框样式</title>
<style type=" text/css " >
<!--
.td {
  border-top-style: dashed;
  border-right-style: dashed;
  border-bottom-style: dotted;
  border-left-style: solid;
  }
  -->
```

```
</style>
</head>
<body>
<table  cellspacing="0" cellpadding="0">
<tr>
<td class="td">
    <p>好雨知时节，当春乃发生。</p>
    <p>随风潜入夜，润物细无声。</p>
    <p>野径云俱黑，江船火独明。</p>
    <p>晓看红湿处，花重锦官城。</p>
</td>
</tr>
</table>
</body>
</html>
```

　　加粗部分的代码功能是用来设置上、右、下、左边框的样式，分别为虚线边框dashed、虚线边框dashed、点线边框dotted、实线边框solid，在浏览器中浏览，效果如图11.14所示。

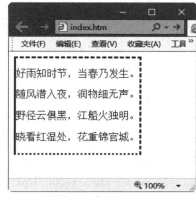

图11.14　边框样式效果

11.4.3　边框宽度border-width

　　border-width用于设置元素边框的宽度。

　　可以这样设置边框的宽度。

```
p {border-style: solid; border-width: 5px;}
```

　　或

```
p {border-style: solid; border-width: thick;}
```

　　可以按照top-right-bottom-left的顺序设置元素的各边边框。

```
p {border-style: solid; border-width: 15px 5px 15px 5px;}
```

　　也可以通过下列属性分别设置各边边框的宽度。

● border-top-width；

● border-right-width；

● border-bottom-width；

● border-left-width。

　　语法如下。

```
border-width:宽度值;
```

```
border-top-width:宽度值;
border-right-width:宽度值;
border-bottom-width:宽度值;
border-left-width:宽度值;
```

说明如下。

边框宽度border-width的取值范围如下。

medium表示默认宽度;

thin表示小于默认宽度;

thick表示大于默认宽度;

宽度是由数字和单位组成的长度值，不可为负值。

举例:

```html
<!doctype html>
<html>
<head>
<meta charset="utf-8">
<title>边框宽度</title>
<style type="text/css">
<!--
.td {
border-top-style: dashed;
  border-right-style: dashed;
  border-bottom-style: dotted;
  border-left-style: solid;
  border-top-width: 20px;
  border-right-width: 10px;
  border-bottom-width: 30px;
  border-left-width: 5px;
}
-->
</style>
</head>
<body>
<table cellspacing="0" cellpadding="0">
<tr>
<td class="td">
    <p>好雨知时节，当春乃发生。</p>
    <p>随风潜入夜，润物细无声。</p>
    <p>野径云俱黑，江船火独明。</p>
    <p>晓看红湿处，花重锦官城。</p>
</td>
</tr>
</table>
</body>
</html>
```

加粗部分的代码功能分别是设置上、右、下、左边框的宽度，在浏览器中浏览，效果如图11.15所示。

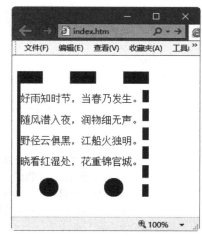

图11.15　边框宽度效果

11.4.4　边框颜色border-color

border-color属性用来设置边框的颜色，可以用16种颜色的关键字或RGB值来设置。

语法：

```
border-top-color:颜色值；
border-right-color:颜色值；
border-bottom-color:颜色值；
border-left-color:颜色值；
```

说明如下。

border-top-color、border-right-color、border-bottom-color和border-left-color属性分别用来设置上、右、下、左边框的颜色，也可以使用border-color属性来统一设置4个边框的颜色。

举例：

```
<!doctype html>
<html>
<head>
<meta charset="utf-8">
<title>边框颜色</title>
<style type="text/css">
<!--
.td {
border-top-style: dashed;
border-right-style: dashed;
border-bottom-style: dotted;
border-left-style: solid;
line-height: 20px;
border-top-width: 20px;
border-right-width: 20px;
border-bottom-width: 30px;
border-left-width: 15px;
border-top-color: #FF9900;
border-right-color: #0099FF;
border-bottom-color: #CC33FF;
```

```
border-left-color: #CCFFFF;
}
-->
</style>
</head>
<body>
<table  cellspacing="0" cellpadding="0">
<tr>
<td class="td">
        <p>好雨知时节，当春乃发生。</p>
        <p>随风潜入夜，润物细无声。</p>
        <p>野径云俱黑，江船火独明。</p>
        <p>晓看红湿处，花重锦官城。</p>
</td>
</tr>
</table>
</body>
</html>
```

加粗部分的代码功能是设置边框颜色，在浏览器中浏览，效果如图11.16所示。

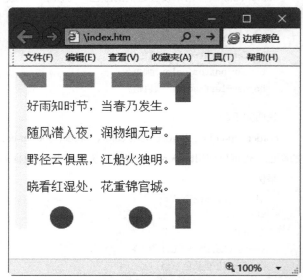

图11.16 边框颜色效果

11.4.5 边框属性border

border属性用来设置元素的边框样式、宽度和颜色。

语法如下。

```
border:边框宽度，边框样式，颜色；
border-top:上边框宽度，上边框样式，颜色；
border-right:右边框宽度，右边框样式，颜色；
border-bottom:下边框宽度，下边框样式，颜色；
border-left:左边框宽度，左边框样式，颜色；
```

说明：

边框属性border只能同时设置4个边框，也只能给出一组边框属性，而其他边框属性（如border-top）只能给出某一个边框的属性，包括样式、宽度和颜色。

举例：

```
<!doctype html>
<html>
<head>
<meta charset="utf-8">
<title>边框属性</title>
<style type="text/css">
<!--
.b {
font-family: "宋体";
font-size: 16px;
border-top: 10px dashed #00CCFF;
border-right: 10px solid #3300FF;
border-bottom: 10px dotted #FF0000;
border-left: 10px solid #3300FF;
}
-->
</style>
</head>
<body>
<table cellspacing="0" cellpadding="0">
<tr>
<td class="b">
        <p>好雨知时节，当春乃发生。</p>
        <p>随风潜入夜，润物细无声。</p>
        <p>野径云俱黑，江船火独明。</p>
        <p>晓看红湿处，花重锦官城。</p>
</td>
</tr>
</table>
</body>
</html>
```

加粗部分的代码功能是设置边框属性，在浏览器中浏览，效果如图11.17所示。

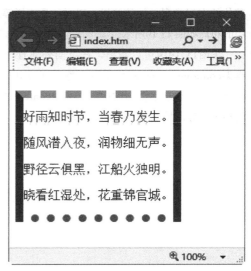

图11.17 边框属性效果

11.5 课堂练习——制作一个盒子模型

无论使用表格还是CSS，网页布局都是把大块的内容放进网页的不同区域里面。有了CSS，最常用来组织内容的元素就是<div>标签。CSS排版是一种很新的排版形式，首先要将页面使用<div>标签将整体划分为几个版块，然后对各个版块进行CSS定位，最后在各个版块中添加相应的内容。

1. 用div将页面分块

在利用 CSS 布局页面时，首先要有一个整体的规划，包括整个页面分成哪些模块，各个模块之间的父子关系等。以最简单的框架为例，页面由横幅（banner）、主体内容（content）、菜单导航（links）和脚注（footer）几个部分组成，各个部分分别用自己的id来标识，如图11.18所示。

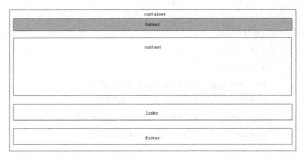

图11.18 页面内容框架

页面中的HTML框架代码如下所示。

```
<div id=" container ">container
<div id=" banner ">banner</div>
<div id=" content ">content</div>
<div id=" links ">links</div>
<div id=" footer ">footer</div>
</div>
```

实例中每个<div>标签都是一个版块，这里直接使用CSS中的id来表示各个版块，页面的所有版块都属于container，一般的div排版都会在最外面加上父级<div>标签，以便对页面的整体进行调整。每个版块还可以再加入各种元素或行内元素。

2. 设计各块的位置

当确定页面的内容后，需要根据内容本身考虑页面整体的布局类型，如是单栏、双栏还是三栏等，这里采用的布局如图 11.19所示。

在图11.19中可以看出，在页面外部有一个整体的框架container，banner位于页面整体框架中的最上方，content与links位于页面的中部，其中content占据着页面的绝大部分，最下面的是页面的脚注footer。

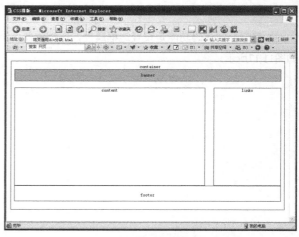

图11.19 简单的页面框架

3. 用CSS定位

整理好页面的框架后，就可以利用CSS对各个版块进行定位，以实现对页面的整体规划，然后再往各个版块中添加内容。

下面首先对body标签与container父块进行设置，CSS代码如下所示。

```
body {margin:10px;
    text-align:center;}
#container{width:900px;
    border:2px solid #000000;
    padding:10px;}
```

上面代码设置了页面的边界、页面文本的对齐方式，以及将父块的宽度设置为900像素。下面来设置banner版块，其CSS代码如下所示。

```
#banner{margin-bottom:5px;
    padding:10px;
    background-color:#a2d9ff;
    border:2px solid #000000;
    text-align:center;}
```

这里设置了banner版块的边界、填充和背景颜色等。

下面利用float方法将content移动到页面左侧，将links移动到页面右侧，这里分别设置了这两个版块的宽度和高度，读者可以根据需要自己调整。

```
#content{float:left;
    width:600px;
    height:300px;
    border:2px solid #000000;
    text-align:center;}
#links{float:right;
    width:290px;
    height:300px;
    border:2px solid #000000;
    text-align:center;}
```

content和links对象都设置了浮动属性，为了使二者不受浮动的影响，footer需要设置clear属性，代码如下所示。

```
#footer{clear:both;      /* 不受float影响 */
    padding:10px;
    border:2px solid #000000;
    text-align:center;}
```

这样，页面的整体框架便搭建好了。这里需要指出的是，content块中不能放置宽度过长的元素，如很长的图片或不换行的英文等，否则links将会被挤到content下方。

如果后期维护时希望content的位置与links的位置互换，只需要将content和links属性中的left和right改变即可。这是传统的排版方式不可能简单实现的，也正是CSS排版的优势之一。

另外，如果links的内容比content的长，在IE浏览器上footer就会贴在content下方，与links重合。

11.6 课后习题

1. 填空题

（1）页面中所有的元素都可以被看作是一个装东西的盒子，盒子中的内容到盒子边框的距离即_____。盒子本身有_____，盒子边框外和其他盒子的距离即_____。

（2）设置外边距会在元素外创建额外的空白。设置外边距最简单的方法是使用_____属性，这个属性可接受任何长度单位、百分数值甚至负值。

（3）元素的内边距在边框和内容区之间。控制该区域最简单的属性是_____属性。

（4）边框有3个属性：一是边框宽度，用于设置边框的宽度；二是_____，用于设置边框的颜色；三是边框样式，用于控制边框的样式。

2. 操作题

设置边框效果如图11.20所示。

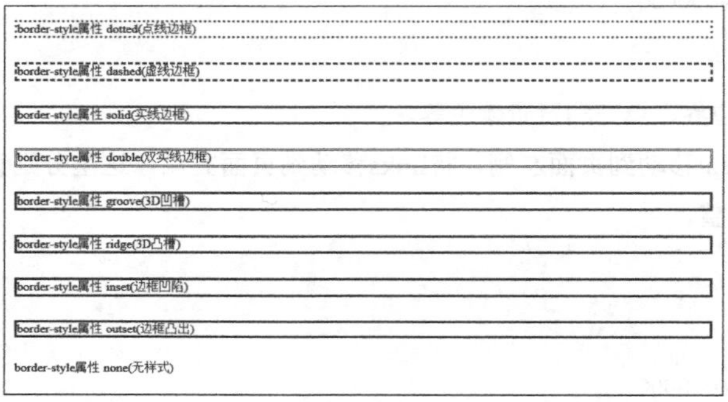

图11.20 设置边框效果

第**12**章

用CSS定位控制网页布局

———————————————— 内容摘要 ————————————————

　　网页开发中布局是一个永恒的话题。巧妙的布局会让网页具有良好的适应性和扩展性。CSS的布局主要涉及两个属性——position和float。CSS为定位和浮动提供了一些属性，利用这些属性可以建立列式布局，将布局的一部分与另一部分重叠，还可以完成需要使用多个表格才能完成的任务。

———————————————— 课堂学习目标 ————————————————

- 掌握position定位
- 掌握定位层叠
- 掌握 oat定位
- 掌握常见的布局类型

12.1 position定位

position属性可以选择4种不同类型的定位，可选值如下。

static：无特殊定位。

absolute：绝对位置，使用left、right、top、bottom等属性进行绝对定位。而其层叠通过z-index属性定义，此时对象没有边距，但仍有补白和边框。

relative：相对位置，但将依据left、right、top、bottom等属性在正常文档流中偏移位置。

fixed：固定位置。

12.1.1 课堂案例——position定位布局网页

布局是HTML中非常重要的一部分，定位在页面布局中使用频率也很高，CSS定义了一组position属性来支持布局模型。下面使用position属性定位布局网页，代码如下。

```
<!doctype html>
<html>
<head>
    <meta charset="utf-8">
    <title>position定位</title>
    <style>
        .banner{width:1200px; height:100px;
            background:#abcdef; margin:0 auto;}
        .nav{width:1200px; height:50px; background:orange;
            margin:0 auto; position: static; top:20px; }
        .container{ width:1200px; height:200px; background:pink;
            margin:0 auto; position: relative; overflow-y: scroll; overflow-x: hidden;}
        p{ height:1000px;}
        p:first-child{height:50px;}
    </style>
</head>
<body>
<div class="banner">Banner</div>
<div class="container">
        <p>正文内容</p>
        <div class="nav">居中导航</div>
        <p>内容</p>
    </div>
</body>
</html>
```

在代码中分别设置了position的静态定位和绝对定位，在浏览器中浏览，效果如图12.1所示。

图12.1 position**定位**

12.1.2　绝对定位absolute

　　绝对定位position:absolute能够很准确地将元素移动到目标位置，有时一个布局中有几个小对象，不宜用padding、margin进行相对定位，这个时候就可以使用绝对定位来轻松搞定。特别是一个盒子里几个小盒子不规律的布局时，用position绝对定位可以非常方便布局对象，如图12.2所示。

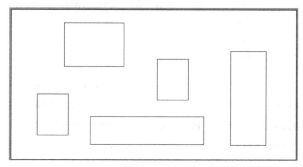

图12.2　绝对定位

　　下面的例子演示如何使用绝对值对元素进行定位，其代码如下所示。

```html
<!doctype html>
<html>
<head>
<meta charset="utf-8">
<title>绝对定位</title>
<style type="text/css">
*{margin: 0px;
  padding:0px;}
#all{height:350px;
     width:400px;
     margin-left:20px;
     background-color:#0C0;}
#absdiv1,#absdiv2,#absdiv3{width:120px;
       height:50px;
       border:5px double #000;
       position:absolute;}
#absdiv1{top:100px;
  left:20px;
  background-color:#6F9;}
#absdiv2{bottom:100px;
       left:50px;
       background-color:#9cc;}
#absdiv3{top:20px;
  right:200px;
  z-index:9;
  background-color:#6F9;}
#a{width:300px;
     height:100px;
     border:1px solid #000;
     background-color:#FC3;}
</style>
</head>
<body>
<div id="all">
  <div id="absdiv1">第1个绝对定位的div容器</div>
```

```
        <div id=" absdiv2 " >第2个绝对定位的div容器</div>
        <div id=" absdiv3 " >第3个绝对定位的div容器</div>
        <div id=" a " >无定位的div容器</div>
    </div>
    </body>
    </html>
```

这里设置了3个绝对定位的div容器，1个无定位的div
容器。给外部div容器设置了#0C0背景色，给内部无定位
的div容器设置了# FC3背景色，绝对定位的div容器设置
了#6F9和#9cc背景色，并设置了double类型的边框。在浏
览器中浏览，效果如图12.3所示。

从本例可看到，设置top、bottom、left和right中的一
种或多种属性后，3个绝对定位的div容器彻底摆脱了其
父容器（id名称为all）的束缚，独立存在于页面上。

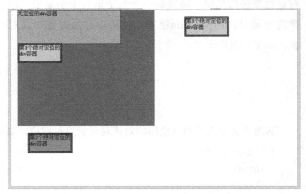

图12.3 绝对定位效果

12.1.3 固定定位fixed

当容器的position属性值为fixed时，这个容器就被固定定位了。固定定位和绝对定位非常类似，但固定定位的容
器不会随着滚动条的拖动而变化位置。在页面中，固定定位容器的位置是不会改变的。

举例：

```
<!doctype html>
<html>
<head>
<meta charset=" utf-8 " >
<title>CSS固定定位</title>
<style type=" text/css " >
*{margin: 0px;
  padding:0px;}
#all{ width:400px;
    height:400px;
    background-color: #debedb;}
#fixed{ width:150px;
    height:150px;
    border:5px outset #f0ff00;
    background-color:#9c9000;
    position:fixed;
    top:50px;
    left:50px;}
#a{ width:200px;
   height:300px;
   margin-left:20px;
   background-color:#F93;
   border:2px outset #060}
</style>
```

```
</head>
<body>
<div id="all">
    <div id="fixed">固定的容器</div>
    <div id="a">无定位的div容器</div>
</div>
</body>
</html>
```

在本例中，给外部div容器设置了#debedb背景色，给内部无定位的div容器设置了#F93背景色，给固定定位的div容器设置了#9c9000背景色，并设置了outset类型的边框。在浏览器中浏览，效果如图12.4和图12.5所示。

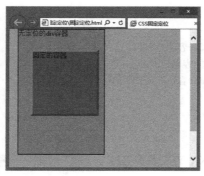

图12.4 固定定位效果

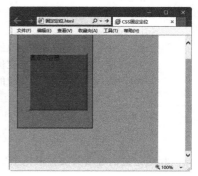

图12.5 拖动浏览器后效果

可以尝试拖动页面的垂直滚动条，固定容器位置不会有任何改变。不过IE6.0版本的浏览器不支持fixed值的position属性，类似的效果都是采用JavaScript脚本编程完成的。

12.1.4 相对定位relative

相对定位是一个非常容易掌握的概念。如果对一个元素进行相对定位，可以设置垂直或水平位置，让这个元素"相对于"它的起点进行移动。如果将top设置为50像素，那么框将在原位置顶部下面创建50像素的空间，也就是将元素向下移动；如果left设置为40像素，那么框会在元素左边创建40像素的空间，也就是将元素向右移动。

当容器的position属性值为relative时，这个容器就被相对定位了。相对定位和其他定位相似，也是独立存在于网页上。不过相对定位的容器top（顶部）、bottom（底部）、left（左边）和right（右边）属性的参照对象是其父容器的4条边，而不是浏览器窗口。

举例：

```
<!doctype html>
<html>
<head>
<meta charset="utf-8">
<title>CSS相对定位</title>
<style type="text/css">
*{margin: 0px;
  padding:0px;}
#all{width:450px;
     height:450px;
     background-color:#F90;}
#fixed{width:100px;
     height:100px;
     border:5px ridge #f00;
     background-color:#9c9;
```

```
        position:relative;
        top:130px;
        left:50px;}
#a,#b{width:200px;
    height:150px;
    background-color:#6C3;
    border:5px outset #600;}
</style>
</head>
<body>
<div id="all">
  <div id="a">第1个无定位的div容器</div>
    <div id="fixed">相对定位的容器</div>
    <div id="b">第2个无定位的div容器</div>
</div>
</body>
</html>
```

相对定位的容器其实并未完全独立，浮动范围仍然在父容器内，并且其所占的空白位置仍然有效地存在于前后两个容器之间。

这里给外部div容器设置了# F90背景色，并给内部无定位的div容器设置了#6C3背景色，给相对定位的div容器设置了#9c9背景色，在浏览器中浏览，效果如图12.6所示。

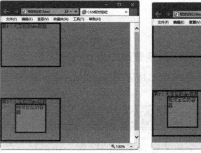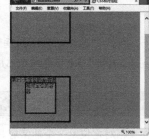

图12.6 相对定位方式效果

absolute是绝对定位，relative是相对定位，但是这个绝对与相对是什么意思，如何区分二者呢？

absolute，CSS中的写法是position:absolute，代表绝对定位，参照对象是浏览器的左上角，配合top、right、bottom、left进行定位。

relative，CSS中的写法是position:relative，代表相对定位，参照对象是父级的原始点，无父级则按照文本流的顺序，以上一个元素的底部为原始点，配合top、right、bottom、left进行定位。

12.2 浮动定位

float属性定义元素的浮动方向。以往这个属性常应用于图像，使文本围绕在图像周围，不过在CSS中，任何元素都可以浮动，浮动元素会生成一个块级框。

12.2.1 课堂案例——浮动布局网页

float 布局应该是目前各大网站用得最多的一种布局方式，浮动布局的兼容性比较好，但是浮动布局带来的影响比较多，页面宽度不够的时候会影响整体布局。下面是一个标准的浮动案例，其代码如下。

```
<!doctype html>
<html>
```

```
<head>
<meta charset=" utf-8 " >
<title>float浮动布局</title>
</head>
<style type=" text/css " >
.wrap1{max-width: 1000px;}
   div{ min-height: 200px;}
   .left{ float: left;
          width: 300px;
          background: red;}
      .right{float: right;
          width: 300px;
          background: green;}
       .center{background: pink;}
   </style>
<body>
   <div class=" wrap1 " >
       <div class=" left " >left</div>
       <div class=" right " >right</div>
       <div class=" center " >浮动布局</div>
   </div>
</body>
</html>
```

这段代码中使用float属性定义了左浮动和右浮动，左浮动背景颜色是红色，右浮动背景颜色是绿色，在浏览器中浏览，效果如图12.7所示。

图12.7　浮动定位

12.2.2　float属性

浮动定位是相对定位的，会随着浏览器的大小和显示屏分辨率的变化而改变。 oat是元素浮动定位中非常重要的属性，常常通过对div元素应用float浮动进行定位。

语法：

```
float:值
```

说明：none是默认值，表示对象不浮动；left表示对象浮在左边；right表示对象浮在右边。

CSS允许任何元素浮动，不论是图像、段落还是列表。无论元素先前是什么状态，浮动后都成为块级元素。浮动元素的宽度默认为auto。

如果float取值为none或没有设置float时，块元素独占一行，不会发生任何浮动，紧随其后的块元素将在下一行中显示。其代码如下所示，在浏览器中浏览网页时，可以看到没有设置float属性的div都单独占一行，两个div分两行显示，如图12.8所示。

```
<!doctype html>
<html>
```

```
<head>
<meta charset=" utf-8 " >
 <title>没有设置float时</title>
 <style type= " text/css " >
  #content_a {
   width:250px;
   height:100px;
   border:3px solid #000000;
   margin:20px;
   background: #F90;
}
  #content_b {
   width:250px;
   height:100px;
   border:3px solid #000000;
   margin:20px;
   background: #6C6;
}
</style>
</head>
<body>
  <div id= " content_a " >这是第1个div</div>
  <div id= " content_b " >这是第2个div</div>
</body>
</html>
```

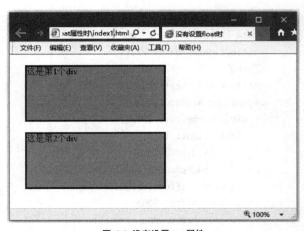

图12.8 没有设置 oat属性

下面修改一下代码，使用float:left对content_a应用向左的浮动，而content_b不应用任何浮动。其代码如下所示，在浏览器中浏览，可以看到对content_a应用向左的浮动后，content_a向左浮动，content_b在水平方向紧随其后，两个div容器在一行上并列显示，效果如图12.9所示。

```
<style type= " text/css " >
#content_a {
width:250px;
height:100px;
float:left;
border:3px solid #000000;
margin:20px;
background: #F90;}
#content_b {
width:250px;
height:100px;
border:3px solid #000000;
margin:20px;
background:
#6C6;}
</style>
```

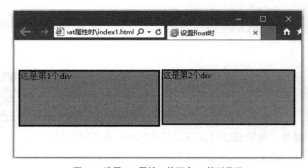

图12.9 设置 oat属性，使两个div并列显示

12.2.3　浮动布局的新问题

在CSS布局中经常会用到float属性，但使用 oat属性后会使其在普通流中脱离父容器，让人很苦恼。

看下面的示例，其代码如下。

```
<!doctype html>
<html>
<meta charset=" utf-8 " >
<head>
    <meta charset=" UTF-8 " >
    <title>浮动布局</title>
    <style type=" text/css " >
        .container{ margin: 30px auto;
            width:500px;
            height: 300px; }
        .p{ border:solid 3px  #CC0000; }
        .c{  width: 120px;
            height: 120px;
            background-color:#360;
            margin: 10px;
            float: left;}
    </style>
</head>
<body>
<div class=" container " >
    <div class=" p " >
        <div class=" c " ></div>
        <div class=" c " ></div>
        <div class=" c " ></div>
    </div>
</div>
</body>
</html>
```

我们希望看到的效果如图12.10所示，但实际效果却如图12.11所示。父容器并没有把浮动的子元素包围起来，俗称塌陷。为了消除这种现象，需要一些清除浮动的技巧。

图12.10　希望的效果

图12.11　实际效果

12.2.4　清除浮动clear

clear属性定义了元素的哪个边上不允许出现浮动元素。在CSS1和CSS2中是通过自动为清除元素（即设置了clear属性的元素）添加外边距来实现的。CSS2.1会在元素上外边距之上增加清除空间，而外边距本身并不改变。不论哪一种改变，最终结果都一样，如果声明为左边或右边清除，会使元素的上外边框边界刚好在其浮动元素的下外边距边界之下。

语法：

```
clear：值
```

说明：

none表示允许两边都可以有浮动对象，是默认值；

left表示不允许左边有浮动对象；

right表示不允许右边有浮动对象；

both表示不允许有浮动对象。

修改12.2.3节示例中的代码。可以看到第2个div容器添加了clear: left属性后，其左侧的div容器（第1个div容器）不再浮动，所以后面的div容器都换行了，如图12.12所示。

```
<div class="p">
    <div class="c"></div>
    <div class="c" style="clear:left;"></div>
    <div class="c"></div>
</div>
```

可以利用这点儿，在父容器的最后添加一个空的div容器，设置属性为clear:left，这样就可以达到我们目的了。

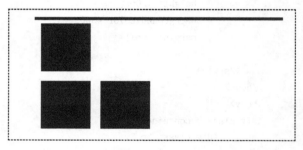

图12.12 clear: left

1. 添加空div清理浮动

```
<div class="p">
    <div class="c"></div>
    <div class="c"></div>
    <div class="c"></div>
    <div style="clear:left;"></div>
</div>
```

此时的效果如图12.13所示。clear:left属性只是消除其左侧div容器浮动对它自己造成的影响，而不会改变左侧div容器甚至父容器的表现。

图12.13 添加空div清理浮动

2. 使用CSS插入元素

添加div清理浮动的做法浏览器兼容性不错，达到改变效果的目的，但是有个很大的问题就是向页面添加了内容，数据和表现混淆。下面看看怎么使用CSS来解决这一问题。根本的做法还是在父容器最后追加元素，但可以利用CSS的:after伪元素来实现。

在CSS中添加一个floatfix类，对父容器添加floatfix类后，会为其追加一个不可见的块元素，然后设置其clear属性为left。

```
.floatfix:after{
    content:".";
    display:block;
    height:0;
    visibility:hidden;
    clear:left;
}
```

对父容器添加 oat fix类

```
<div class="p floatfix">
    <div class="c"></div>
    <div class="c"></div>
    <div class="c"></div>
</div>
```

这样就可以看到最终效果了，如图12.14所示。

图12.14 使用CSS插入元素

12.3 定位层叠

如果在一个页面中同时使用几个定位元素，可能发生定位元素重叠的情况，默认的情况下，后添加的定位元素会覆盖先添加的定位元素。层叠定位属性(z-index)可以调整各个元素的显示顺序。

12.3.1 层叠顺序

z-index属性用来定义定义元素的显示顺序，在层叠定位属性中，属性值使用auto值和没有单位的数字。

语法：

```
z-index：auto │ 数字
```

说明：

auto遵从其父对象的定位；数字必须是无单位的整数值，可以取负值。

举例：

```
<!doctype html>
<html>
<head>
<meta charset="utf-8">
 <title>CSS属性</title>
  <style>
   .index1 { top: 50px;
     left: 50px;
     background:#090;
     z-index: 2; }
   .index2{ top: 100px;
```

```
            left: 100px;
            background:#F93;
            z-index: −1; }
        .index3{ top: 150px;
         left: 150px;
         background:#F39;
         z-index: 1; }
        div { position: absolute;
            width: 250px;
            height: 200px; }
    </style>
</head>
<body>
<div class=" index1 " ></div>
<div class=" index2 " ></div>
<div class=" index3 " ></div>
</body>
</html>
```

定义层叠定位属性可以更改定位元素的显示顺序，如图12.15所示。

如果取消层叠定位属性的话，效果如图12.16所示。

图12.15 层叠定位

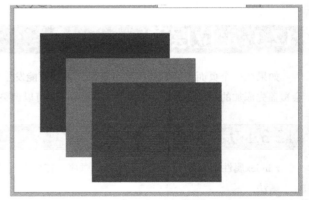

图12.16 取消层叠定位

12.3.2 简单嵌套元素中的层叠定位

在嵌套元素中，如果父元素和子元素中都使用了定位属性，无论父元素中层叠定位属性定义何值，子元素的定位属性均会覆盖父元素的定位属性。

```
<!doctype html>
<html>
<head>
<meta charset=" utf-8 " >
 <title>CSS属性值</title>
  <style>
    .main { position: absolute;
        width: 450px;
        height: 300px;
        background: #090;
```

```
    z-index: 1; }
  .include { position: absolute;
   width: 220px;
   height: 150px;
   background: #F96;
   z-index: -1; }
 </style>
 </head>
<body>
 <div class="main">
  <div class="include"></div>
 </div>
</body>
</html>
```

上面的代码中，在父元素中定义层叠定位属性值为1，子元素中定义层叠定位属性值为-1，且两个元素的定位属性均为绝对定位，虽然在父元素中定义的层叠定位属性值大于子元素中定义的层叠定位属性值，但是子元素依然会覆盖父元素，效果如图12.17所示。

图12.17 简单嵌套元素中的层叠定位

12.3.3 包含子元素的复杂层叠定位

在使用包含层叠定位属性的元素时，有时在元素中会包含子元素，则子元素的显示效果不能超过父元素中定义的层叠顺序。

```
<!doctype html>
<html>
<head>
<meta charset="utf-8">
<style>
  .sun { position: absolute;
   width: 150px;
   height: 100px;
   background: #000;
   z-index: 10; }
  .index1 { top: 50px;
   left: 50px;
   background: #390;
   z-index: 2; }
  .index2 { position: relative;
   top: 100px;
   left: 100px;
   background: #F60;
```

```
    z-index: -1; }
    .index3 { top: 150px;
    left: 150px;
    background: #39C;
     z-index: 1;}
    div {position: absolute;
      width: 200px;
      height: 150px; }
  </style>
</head>
<body>
  <div class=" index1 "></div>
  <div class=" index2 "></div>
  <div class=" index3 ">
  <div class=" sun "></div>
  </div>
</body>
</html>
```

从图12.18可以看出，虽然在子元素sun中定义很大的层叠定位属性值，但是子元素的显示顺序依然要受到父元素index3的影响。

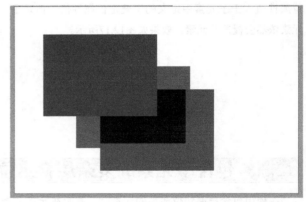

图12.18 子元素的显示顺序受父元素的影响

12.4 课堂练习

现在一些比较知名的网页设计全部采用的div+CSS来排版布局，div+CSS布局的好处是可以使HTML代码更整齐，更容易使人理解，而且在浏览时的速度也比传统的布局方式快，最重要的是它的可控性要比表格强得多。下面介绍常见的布局类型。

12.4.1 课堂练习1——一列固定宽度

一列式布局是所有布局的基础，也是最简单的布局形式。一列固定宽度中，宽度的属性值是固定像素。下面举例说明一列固定宽度的布局方法，具体步骤如下。

01 新建一空白文档，在HTML文档的<head>标签与</head>标签之间相应的位置输入定义的CSS样式代码，如图12.19所示。

```
<style>
#Layer{
```

```
background-color:#ff0;
border:3px solid #ff3399;
width:500px;
height:350px;
}
</style>
```

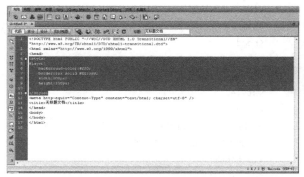

图12.19 输入代码

02 然后在HTML文档的\<body\>标签与\<body\>标签之间的正文中输入以下代码，给div使用了layer作为id名称，如图12.20所示。

```
<div id=" Layer " >一列固定宽度</div>
```

图12.20 输入代码

03 在浏览器中浏览，由于是固定宽度，无论怎样改变浏览器窗口大小，div的宽度都不改变，效果如图12.21和图12.22所示。

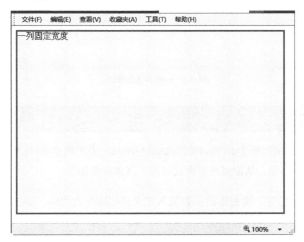

图12.21 浏览器窗口效果

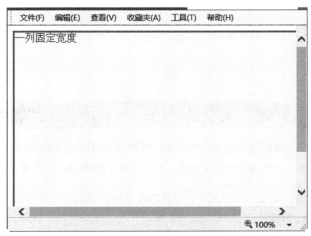

图12.22 浏览器窗口变小效果

12.4.2 课堂练习2——一列自适应

自适应布局是在网页设计中常见的一种布局形式，自适应的布局能够根据浏览器窗口的大小，自动改变其宽度值或高度值，是一种非常灵活的布局形式，良好的自适应布局网站对不同分辨率的显示器都能提供最好的显示效果。自适应布局需要将宽度由固定值改为百分比。下面是一列自适应布局的CSS代码。

```
<!doctype html>
<html>
<head>
<meta charset=" utf-8 ">
<title>列自适应</title>
<style>
#Layer{
background-color:#ff0;
border:3px solid #ff3399;
width:60%;
height:60%;
}
</style>
</head>
<body>
<div id=" Layer ">一列自适应</div>
</body>
</html>
```

这里将宽度值和高度值都设置为60%，从浏览效果中可以看到，div容器的宽度和高度已经变为浏览器宽度60%的值，当扩大或缩小浏览器窗口大小时，其宽度和高度将维持在浏览器当前宽度比例的60%，如图12.23所示。

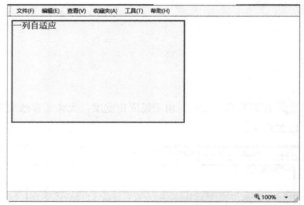

图12.23 一列自适应布局

12.4.3 课堂练习3——两列固定宽度

两列固定宽度非常简单，两列的布局需要用到两个div，分别为两个div的id设置为left与right，表示两个div的名称。首先为它们制定宽度，然后让两个div容器在浏览器中并排显示，从而形成两列式布局，具体步骤如下。

01 新建一空白文档，在HTML文档的<head>标签与</head>标签之间相应的位置输入定义的CSS样式代码，如图12.24所示。

```
<style>
#left{
background-color:#00cc33;
border:1px solid #ff3399;
width:250px;
height:250px;
float:left;
}
#right{
```

```
background-color:#ffcc33;
border:1px solid #ff3399;
width:250px;
height:250px;
float:left;
}
</style>
```

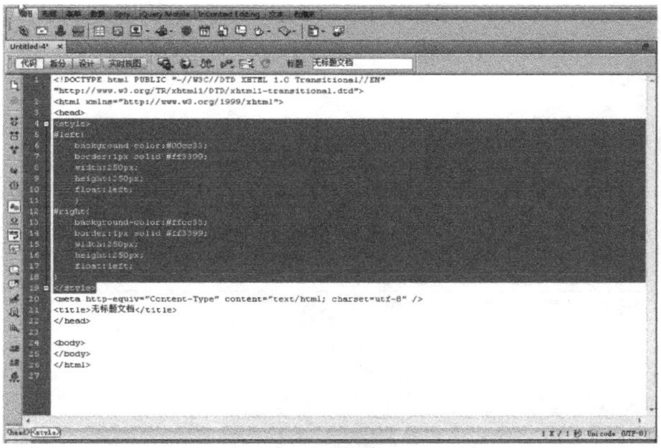

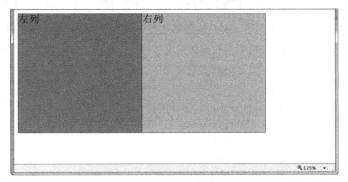

图12.24 输入代码

02 然后在HTML文档的<body>标签与<body>标签之间的正文中输入以下代码，给div 使用left和right作为id名称，如图12.25所示。

```
<div id=" left ">左列</div>
<div id=" right ">右列</div>
```

03 两列固定宽度布局在浏览器中浏览，效果如图12.26所示。

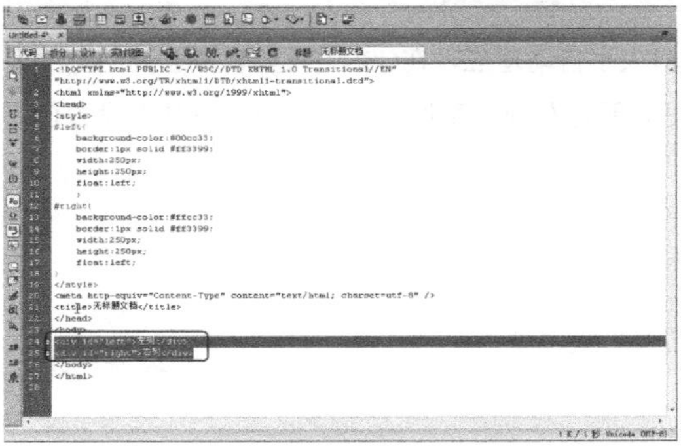

图12.25 输入代码   图12.26 两列固定宽度布局

12.4.4 课堂练习4——两列宽度自适应

下面使用两列宽度自适应性，以实现左右两列宽度能够做到自动适应浏览器窗口，设置自适应主要通过宽度的百分比值设置，CSS代码修改为如下。

```
<style>
#left{
        background-color:#00cc33;
        border:1px solid #ff3399;
        width:60%;
        height:250px;
        float:left;
        }
#right{
    background-color:#ffcc33;
    border:1px solid #ff3399;
    width:30%;
```

```
    height:250px;
    float:left;
  }
</style>
```

这里设置了左列宽度为60%，右列宽度为30%。在浏览器中浏览，效果如图12.27和图12.28所示，无论怎样改变浏览器窗口大小，左右两列的宽度与浏览器窗口的百分比都不改变。

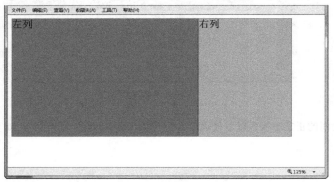
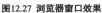
图12.27 浏览器窗口效果

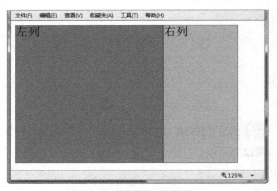
图12.28 浏览器窗口变小效果

12.4.5 课堂练习5——两列右列宽度自适应

在实际应用中，有时候需要左列固定宽度，右列根据浏览器窗口大小自动适应，在CSS中只要设置左列的宽度即可，如课堂练习4中左右列都采用了百分比实现了宽度自适应，这里只要将左列宽度设定为固定值，右列不设置任何宽度值且不浮动，CSS样式代码如下。

```
<style>
#left{background-color:#00cc33;
    border:1px solid #ff3399;
    width:200px;
    height:250px;
    float:left;   }
#right{background-color:#ffcc33;
    border:1px solid #ff3399;
    height:250px;}
</style>
```

这样左列将呈现200像素的宽度，而右列将根据浏览器窗口大小自动适应，如图12.29和图12.30所示。

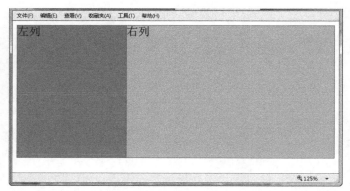
图12.29 右列宽度

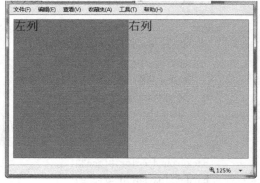
图12.30 右列宽度

12.5　课后习题

1. 填空题

（1）巧妙的布局会让网页具有良好的适应性和扩展性。CSS的布局主要涉及两个属性——_____和_____。

（2）position属性可以选择四种不同类型的定位，可选值包括_____、_____、_____、_____。

（3）当容器的position属性值为_____时，这个容器即被固定定位了。固定定位和绝对定位非常类似，被定位的容器不会随着滚动条的拖动而变化位置。

（4）浮动定位是相对定位的，会随着浏览器的大小和分辨率的变化而改变。_____是元素定位中非常重要的属性，常常通过对div元素应用_____浮动来进行定位。

2. 操作题

制作一个三列浮动、中间宽度自适应布局的网页，要求左右两边的div容器的宽度为100像素，中间div容器的宽度自适应。如图12.31所示。

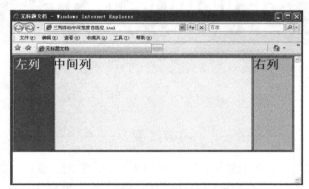

图12.31　三列浮动中间宽度自适应布局

第13章

企业网站设计

内容摘要

前面学习了CSS的知识，在本章中将分析、策划、设计、制作一个完整的企业网站。通过这个综合案例的学习，读者不仅可以了解网站制作中的技术细节，还能够掌握一套遵从Web标准的网页设计流程。

课堂学习目标

- 分析网站内容和结构
- 制作具体网站页面

13.1 企业网站设计概述

企业网站的范围很广，涉及各个领域，但他们有一个共同特点，以宣传为主。其目的是提升企业形象，希望有更多的人关注自己的公司和产品，以获得更大的发展。

13.1.1 企业网站分类

1. 以形象为主的企业网站

互联网作为新经济时代的一种新型传播媒体，在企业宣传中发挥越来越重要的作用，成为公司以较低的成本广泛地宣传企业形象，开辟营销渠道，加强与客户沟通的必不可少的重要工具。图13.1是以形象为主的企业网站。

企业网站表现形式要独具创意，充分展示企业形象，并将最吸引人的信息放在主页比较明显的位置，尽量能在最短时间内吸引浏览者的注意力，从而让浏览者有兴趣浏览详细信息。整个设计要给浏览者一个清晰的导航，方便其查找。

这类网站设计时可以参考一些相关行业大型网站进行分析，多学习他们的优点，结合公司自己的特色进行设计，整个网站设计要以国际化为主。企业形象及行业特色加上动感音乐制作片头动画，每个页面配以栏目相关的动画衬托，通过良好的网站视觉创造一种独特的企业文化。

2. 信息量大的企业站点

很多企业不仅需要树立良好的企业形象，还需要建立自己的信息平台。部分企业逐渐把网站作为一种以其产品为主的交流平台。一方面，信息量大的网站，结构设计要大气简洁，保证速度和节奏感；另一方面，它不同于单纯的信息型网站，从内容到形象都应该围绕公司的文化，既要大气，又要有特色。图13.2为信息量大的网页。

图13.1 以形象为主的企业网站

图13.2 信息量大的网页

3. 以产品为主的企业网站

企业网站大多数是为了介绍自己的产品，尤其是中小型企业，在公司介绍栏目中只有一页文字，而产品栏目则有大量的图片和文字。以产品为主的企业网站可以把主推产品放在网站首页，产品资料分类整理，附带详细说明，可以使客户看明白。如果公司产品比较多，最好采用动态更新的方式添加产品介绍和图片，通过后台来控制前台信息。图13.3是以产品为主的企业网站。

图13.3 以产品为主的企业网站

13.1.2 企业网站主要功能栏目

企业网站是以企业宣传为主题构建而成，域名拓展名一般为.com。与一般门户型网站不同是，企业网站相对来说信息量比较少。该类型网站页面结构的设计主要是从公司简介、产品展示、服务等几个方面来进行的。

一般企业网站主要有以下功能。

● 公司概况：包括公司背景、发展历史、主要业绩、经营理念、经营目标及组织结构等，让用户对公司的情况有一个概括的了解。

● 企业新闻动态：可以利用互联网的信息传播快的优势，构建一个企业新闻发布平台，通过新闻发布/管理系统，企业信息发布与管理将变得简单、迅速，及时向互联网发布本企业的新闻、公告等信息。

● 产品展示：企业如果提供多种产品服务，可以利用产品展示系统对产品进行系统地管理，包括产品的添加与删除、产品类别的添加与删除、特价产品和最新产品、推荐产品的管理、产品的快速搜索等。

● 网上招聘：网上招聘也是一个重要的网络应用，可以根据企业自身特点，建立一个企业网络人才库，人才库对外可以进行在线网络实时招聘，对内可以方便管理人员对招聘信息和应聘人员进行管理，同时人才库可以为企业储备人才，为日后需要时使用。

● 销售网络：目前直接在网站订货的用户并不多，但网上看货线下购买的现象比较普遍，尤其是价格比较高或销售渠道比较少的商品，用户通常喜欢通过网络获取足够的信息后在实体商场购买。因此，网站要尽可能详尽地告诉用户在什么地方可以买到他所需要的产品。

● 联系信息：网站上应该提供详细的联系信息，除了公司的地址、电话、传真、邮政编码、网管E-mail地址等基本信息之外，最好能详细地列出客户或者业务伙伴可能需要联系的具体部门的联系方式。对于有分支机构的企业，还应当有各地分支机构的联系方式，在为用户提供方便的同时，也起到了支持各地业务的作用。

● 辅助信息：若企业产品比较少，网页内容显得有些单调，可以通过增加一些辅助信息来弥补这种不足。辅助信息的内容比较广泛，可以是本公司、合作伙伴、经销商或用户的一些相关新闻、趣事，或是产品保养、

图13.4 网站主页

维修常识等。

图13.4为制作的网站首页的例子，主要包括"首页""企业介绍""公司新闻""住宿客房""餐饮服务""会议会务""景点指南""网上预订""行车路线""联系我们"等栏目。

这个页面在竖直方向分为上、中、下3个部分，其中上、下两部分的背景会自动延伸，中间的内容区域分为左右两列，左列为导航菜单，右列是各栏目的介绍和图片展示等正文内容。当鼠标指针经过左侧导航菜单时，右侧内容会发生变化，用户体验很好。

13.2 网站内容分析

下面来具体分析和介绍这个案例完整的开发过程。希望通过这个案例的演示，读者不仅能了解一些技术细节，还能够掌握一套遵从Web标准的网页制作流程。

首先要确定一个问题——设计制作网站的第一步是什么？设计网站的第一步是确定这个网站的内容。一个网站要想留住更多的用户，网站的内容是很重要的。网站内容是一个网站的灵魂，内容做得好，有自己的特色才会脱颖而出。但需要注意的是不要为了差异化而差异化，只有满足用户核心需求的差异化才是有效的，否则跟模仿其他网站没有实质的区别。

网站的内容是决定用户停留时间的要素，内容空泛的网站，用户会匆匆离去。只有内容充实丰富的网站，才能吸引访客细细阅读，深入了解网站提供的产品和服务，进而产生合作的意向。

在网站页面中，首先要有明确的公司名称或网站标志，此外，要给用户提供方便了解这个网站信息的途径，如自身介绍、联系方式等内容的链接。其次，网站的主要作用是宣传公司，必须有清晰的导航结构。

我们制作的网站要展示哪些内容呢？大致应包括首页、导航栏、企业介绍、公司新闻、住宿客房、餐饮服务、会议会务、景点指南、网上预订、行车路线、联系我们等。

13.3 HTML结构设计

在理解了网站的基础上，开始搭建网站的内容结构。现在不考虑CSS设置，从网页的内容出发，根据13.2节列出的要点，通过HTML搭建出网页的内容结构。图13.5是在没有使用任何CSS设置的情况下搭建的HTML结构效果。

任何一个页面都应该在尽可能保证在不使用CSS设置的情况下，依然具有良好的结构和可读性，这不仅仅方便用户浏览，并且有助于网站被百度等搜索引擎收录和索引，这对提升网站的访问量是至关重要的。

图13.5 HTML结构

本网站的页面内容很多，将页面整体部分放在#templatemo_maincontainer对象中，#templatemo_maincontainer对象布局为两列，左侧的内容放在# templatemo_left_column对象中，右边的正文部分放在# templatemo_right_column对象中，在底部为#templatemo_footer对象，在templatemo_footer对象中放置版权信息。

其页面的HTML框架代码如下所示。

```
<body>
```

```html
<div id="templatemo_maincontainer">
<div id="templatemo_topsection">
  <div id="templatemo_title">某某某度假村</div>
</div>
<div id="templatemo_left_column">
  <div class="templatemo_menu">
  <ul>
    <li><a href="#">首页</a></li>
    <li><a href="#">企业介绍</a></li>
    <li><a href="#">公司新闻</a></li>
    <li><a href="#">住宿客房</a></li>
    <li><a href="#">餐饮服务</a></li>
    <li><a href="#">会议会务</a></li>
    <li><a href="#">景点指南</a></li>
    <li><a href="#">网上预订</a></li>
    <li><a href="#">行车路线</a></li>
    <li><a href="#">联系我们</a></li>
  </ul></div>
  <div id="templatemo_contact">
    <strong>快速联系我们<br />
    </strong>
Tel: 000-0000000<br />
Fax: 000-0000000<br />
E-mail: webmaster@xxxxx.com</div>
</div>
<div id="templatemo_right_column">
  <div class="innertube">
    <h1>公司介绍</h1>
    <p>某某某度假村占地500多亩，拥有100多个温泉浴池，豪华客房300间，多功能会议中心、不同风味的餐厅、购物超市、美容康体中心等配套设施。度假村先后荣获国家4A级景区称号，期待您的光临！<br />
    </p>
  </div>
  <div id="templatemo_destination">
    <h2>图片展示</h2>
    <p>
<img src="images/templatemo_photo1.jpg" alt="xxxxx.com" width="85" height="85" />
<img src="images/templatemo_photo2.jpg" alt="xxxxx.com" width="85" height="85" />
<img src="images/templatemo_photo3.jpg" alt="xxxx.com" width="85" height="85" />
</p>
<h2>新闻动态</h2>
    <p>饭店、旅馆生意红火<br />
      招贤纳士，诚邀您的加入<br />
      热烈庆祝市旅游饭店协会工作会议圆满成功<br />
      情人节和元宵节一起过，自助餐大优惠<br />
      浪漫情人节，相约酒店，好戏刚刚拉开帷幕<br />
      山水美，温泉美，人心更美<br />
    </p>
  </div>
  <div id="templatemo_search">
    <div class="search_top"></div>
```

```html
    <div class="sarch_mid">
      <form id="form1" name="form1" method="post" action="">
        <table width="247">
          <tr>
            <td width="64">
            <input type="radio" name="search" value="radio" id="search_0" />
              <strong>男</strong></td>
            <td width="171"><label>
              <input type="radio" name="search" value="radio" id="search_1" />
              <strong>女</strong>
            </label></td>
          </tr>
          <tr>
            <td><strong>姓名</strong></td>
            <td><label>
              <input type="text" />
              </label></td>
          </tr>
          <tr>
            <td><strong>电话</strong></td>
            <td><label>
              <input type="text" />
              </label></td>
          </tr>
          <tr>
            <td><strong>入住日期</strong></td>
            <td><label>
             <input name="depart" type="text" id="depart" value="16-10-2020" size="6" />
              </label></td>
          </tr>
          <tr>
          <td><strong>离开日期</strong></td>
          <td><input name="return" type="text" id="return" value="24-10-2020" /></td>
          </tr>
          <tr>
            <td> </td>
            <td><a href="#">
        <img src="images/templatemo_search_button.jpg" width="78" height="28" /></a>
      </td>
      </tr>
      </table>
      </form>
      </div>
    <div class="search_bot"></div>
  </div>
</div>
<div id="templatemo_bot"></div>
</div>
<div id="templatemo_footer">Copyright　某某某度假村 </div>
</body>
```

可以看到这些代码非常简单，使用的都是最基本的HTML标签，<p>、<ul>、<img>、<li>。<ul>标签在代码中出现了多次，当有若干个项目并列时，<ul>标签是个很好的选择。很多网页都有<ul>标签，<ul>标签可以使页面的逻辑关系非常清晰。

13.4 方案设计

在设计任何一个网页前，都应该对网站的功能和内容进行全面分析。

在具体制作页面之前，可以先设计一个页面草图，如图13.6所示。接着对版面布局进行细划和调整，反复细划和调整后确定最终的布局方案。

新建的页面就像一张白纸，没有任何表格、框架和约定俗成的东西，设计师尽可能地发挥想象力，将想到的内容画上去。这属于创造阶段，不必讲究细腻工整，也不必考虑细节功能，用简单的线条勾画出具有创意的轮廓即可。尽可能按照方案多画几张草图，最后选定一个满意的草图来创作。

接下来可以用Photoshop或Fireworks软件按照方案来设计具体页面了。有经验的网页设计者通常会在制作网页之前设计好网页的整体布局，这样在具体设计过程会节省大量工作时间。

本书篇幅有限，因此，关于如何使用Photoshop设计制作完整的页面方案就不做详细介绍了。如果读者对Photoshop软件不熟悉，可以参考相关的Photoshop书籍，掌握一些Photoshop软件的基本使用方法。

图13.7是在Photoshop中设计的页面方案。这一步的核心任务是美术设计，让页面更美观、更漂亮。

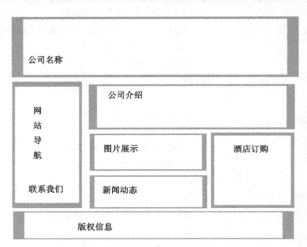

图13.6 页面草图

图13.7 在Photoshop中设计的页面方案

13.5 定义整体样式

网页设计中，我们通常需要统一网页的整体风格，涉及网页中文字属性、网页背景色和链接文字属性等，用CSS来控制这些属性会大大提高网页设计的速度，网页总体效果更统一。

建立文件后，首先要对整个页面的共有属性进行设置，如对margin、padding、background等属性进行设置。

```
body{
margin:0;
padding:0;
line-height: 1.5em;
background: #782609 url(images/templatemo_body_bg.jpg) repeat-x;
font-size: 11px;
```

```
    font-family: 宋体;
}
```

在body中设置了外边距margin、内边距padding都为0，行
高line-height设为1.5em，字号font-size设为11像素，并且设置
字体font-family为宋体。

在body中使用background设置了水平背景图像templatemo_
body_bg.jpg，这个图像可以很方便地在设计方案图中获得。在
CSS中，repeat-x使背景图像在水平方向上平铺，这样就可以产
生宽度自动延伸的背景效果了，如图13.8所示。

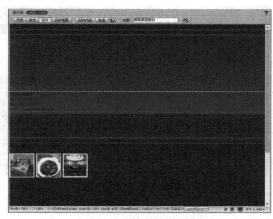

图13.8 背景图像平铺

下面定义网页中链接文字的样式，下面的CSS代码是定义网页中的链接文字在各种状态下的颜色和样式，以及网
页中的h1、h2、h3标题文字的字号、粗细、颜色、字体等样式。

```
a:link, a:visited { color: #621c03; text-decoration: none; font-weight: bold;}  /*链接文字样式*/
a:active, a:hover{color: #621c03; text-decoration: none; font-weight: bold; }  /*链接文字样式*/
h1 {
    font-size: 18px;        /* 设置标题1字号 */
    color: #782609;         /* 设置标题1文字颜色 */
    font-weight: bold;      /* 设置标题1文字加粗 */
    background: url(images/templatemo_h1.jpg) no-repeat;  /* 设置标题1背景图像 */
    height: 27px;           /* 设置标题1行高 */
    padding-top: 40px;      /* 设置标题1顶部内边距 */
    padding-left: 70px;     /* 设置标题1左侧内边距*/
}
h2 {
    font-size: 13px;        /* 设置标题2字号 */
    font-weight: bold;      /* 设置标题2文字加粗 */
    color: #fff;            /* 设置标题2文字颜色 */
    height: 22px;           /* 设置标题2行高 */
    padding-top: 3px;       /* 设置标题2顶部内边距 */
    padding-left: 5px;      /* 设置标题2左侧内边距 */
    background: url(images/templatemo_h2.jpg) no-repeat;  /* 设置标题2背景图像*/
}
```

设置好链接文字样式和h1、h2标题文字样式后的效果如图
13.9所示。

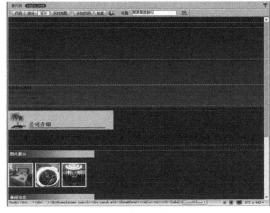

图13.9 定义网页中的链接文字及标题文字样式

13.6 制作页面顶部

下面对页面顶部进行设计，页面顶部比较简单，只有一个公司名称，如图13.10所示。

图13.10 页面顶部

13.6.1 页面顶部的结构

首先在页面中插入一个包含整个页面的div容器，在这个div容器内再插入顶部div和公司名称。

```
<div id=" templatemo_maincontainer " >
<div id=" templatemo_topsection " >
  <div id=" templatemo_title " >某某某度假村</div>
</div>
</div>
```

这里将整个头部部分放入一个div容器中，设置该div容器的名称为"templatemo_topsection"，将公司名称放入一个div容器中，设置该div容器的名称为"templatemo_title"。

13.6.2 定义页面外部的样式

制作完页面顶部的结构后，就可以定义样式了。首先来定义外部容器templatemo_maincontainer的整体样式。

```
#templatemo_maincontainer{
width: 900px;   /* 定义外部容器的宽度 */
margin: 0 auto;  /*上下边距0，浏览器自动适应屏幕居中*/
float: left;      /* 浮动左对齐 */
background: url(images/templatemo_content_bg.jpg) repeat-y;   /* 设置背景图片*/
}
```

这里的代码定义了外部容器的宽度为900像素，上下边距为0像素，居中对齐，并且设置了背景图片。定义完外部容器样式后，效果如图13.11所示。

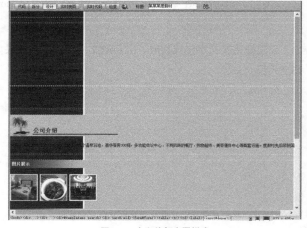

图13.11 定义外部容器样式

接下来定义头部部分的样式，其代码如下所示。

```css
#templatemo_topsection{
    background: url(images/templatemo_header.jpg) no-repeat;   /* 设置背景图片不重复 */
    height: 283px;  /* 设置高度 */
}
#templatemo_title{
    margin: 0;              /* 设置外边距 */
    padding-top: 150px;    /* 设置顶部内边距 */
    padding-left: 50px;    /* 设置左侧内边距 */
    color: #FFFFFF;        /* 设置文字颜色 */
    font-size: 24px;       /* 设置文字字号 */
    font-weight: bold;     /* 设置文字加粗 */
}
```

这里的代码定义了templatemo_topsection的高度和背景图片，并定义了templatemo_title内文字的颜色、字号、加粗、外边距和内边距等，在浏览器中浏览设置好的头部样式，效果如图13.12所示。

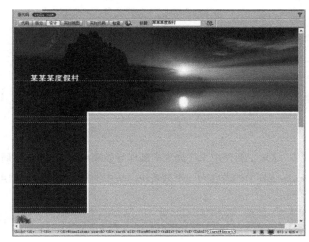

图13.12 设置头部样式后的效果

13.7 制作左侧导航菜单

网页左侧部分是网站的导航菜单，如图13.13所示，这部分增加了鼠标指针经过时改变颜色的效果，在鼠标指针经过导航菜单的时候，相应的菜单项颜色会发生变化。

图13.13 左侧导航菜单

13.7.1 制作导航菜单的结构

网页左侧有一个漂亮的竖排导航菜单，将横排文字转换为竖排格式，方便美观，且实现方法非常简单。下面制作其基本HTML结构。

首先将导航菜单放在"templatemo_left_column"中，在这个div容器内再插入导航菜单的结构代码。

```
<div id=" templatemo_left_column ">
<div class=" templatemo_menu ">
  <ul>
    <li><a href=" # ">首页</a></li>
    <li><a href=" # ">企业介绍</a></li>
    <li><a href=" # ">公司新闻</a></li>
    <li><a href=" # ">住宿客房</a></li>
    <li><a href=" # ">餐饮服务</a></li>
    <li><a href=" # ">会议会务</a></li>
    <li><a href=" # ">景点指南</a></li>
    <li><a href=" # ">网上预订</a></li>
    <li><a href=" # ">行车路线</a></li>
    <li><a href=" # ">联系我们</a></li>
  </ul>
</div>
</div>
```

这里主要使用无序列表来制作导航菜单，ul是CSS布局中广泛使用的一种元素，主要用来描述列表型内容，每个<ul></ul>中的内容为一个列表块，块中的每一条列表数据用<li></li>来描述。

13.7.2 定义导航菜单的样式

下面使用CSS来定义导航菜单的样式。首先定义外部容器templatemo_left_column的样式。

```
#templatemo_left_column {
    float: left;
    width: 229px;
}
```

这里设置宽度为229像素，浮动方式为左对齐，从而使下一个对象贴紧在该对象右边，最终具有了向左浮动的特性。

接着定义列表项的样式，包括宽度、高度、列表样式、背景图片、字号、文字加粗等，其代码如下所示。

```
.templatemo_menu {
    margin-top: 40px;      /* 设置顶部外边距 */
    width: 188px;          /* 设置宽度 */
}
.templatemo_menu li{
    list-style: none;      /* 设置列表样式 */
    height: 30px;          /* 设置列表高度 */
    display: block;        /* 以块状对象显示 */
    background: url(images/templatemo_menu_bg.jpg) no-repeat;  /* 设置背景颜色 */
    font-weight: bold;     /* 设置文字加粗 */
    font-size: 12px;       /* 设置字号 */
    padding-left: 30px;    /* 设置左侧内边距 */
```

```
    padding-top: 7px;    /* 设置顶部内边距 */
}
.templatemo_menu a {
    color: #fff;              /* 设置链接文字颜色 */
    text-decoration: none;  /* 设置文字下画线 */
}
.templatemo_menu a:hover {
    color: #f08661;  /* 设置鼠标经过鼠标指针的颜色 */
}
```

display是CSS中对象显示模式的一个属性，主要用于改变对象的显示方式。display: block是这里的重点，它使得a链接对象的显示方式由一段文本改为一个块状对象，和div的特性相同，可以使用CSS的外边距、内边距、边框等属性给a链接对象添加一系列的样式。定义完导航菜单后的样式效果如图13.14所示。

图13.14 定义完导航后的样式效果

13.8 制作"快速联系我们"部分

网站上应该提供足够详尽的联系信息，包括公司的地址、电话、传真、邮政编码、E-mail地址等基本信息，如图13.15所示。

图13.15 联系我们

13.8.1 定义"快速联系我们"部分的结构

"快速联系我们"部分主要放置公司的联系信息，包括电话、传真、E-mail地址等文字，插入在一个div容器中，其html结构如下。

```
    <div id="templatemo_contact">
    <strong>快速联系我们<br />
    </strong>
Tel: 000-0000000<br />
Fax: 000-0000000<br />
E-mail: webmaster@xxxxx.com</div>
```

13.8.2 定义"快速联系我们"内容的样式

下面定义"快速联系我们"的样式，定义了templatemo_contact容器的宽度为200像素，高度为96像素，背景图片、文字颜色、字体等。在浏览器中浏览，效果如图13.16所示。

```
#templatemo_contact {
    width: 200px;      /* 设置宽度 */
    height: 96px;      /* 设置高度 */
    background: url(images/templatemo_contact.jpg) no-repeat;  /* 设置背景 */
    color: #fff;       /* 设置文字颜色 */
    padding-left: 29px;   /* 设置左侧内边距 */
    padding-top: 15px;    /* 设置顶部内边距 */
    font-family: "宋体";   /* 设置字体 */
}
```

图13.16 定义"快速联系我们"样式

13.9 制作"公司介绍"部分

"公司介绍"部分主要是公司的介绍文字信息，向用户展示公司的基本信息。

13.9.1 制作"公司介绍"部分结构

公司介绍部分主要包括文字信息，制作比较简单，主要包括一个<h1>的标题信息和正文文字，插入在div容器中，这部分都放置在templatemo_right_column内，其html结构如下。

```
<div id="templatemo_right_column">
  <div class="innertube">
    <h1>公司介绍</h1>
    <p>某某某度假村占地500多亩，拥有100多个温泉浴池，豪华客房300间，多功能会议中心、不同风味的餐厅、
购物超市、美容康体中心等配套设施。度假村先后荣获国家4A级景区称号，期待您的光临！ <br />
    </p>
  </div>
</div>
```

13.9.2 定义"公司介绍"部分的样式

下面定义"公司介绍"的样式，右侧的部分都在templatemo_right_column内，因此，先定义templatemo_right_column的样式。

```
#templatemo_right_column {
    float: right;      /* 设置浮动右对齐 */
    width: 651px;     /* 设置宽度 */
    padding-right: 20px;  /* 设置右侧内边距 */
}
```

这里定义了templatemo_right_column靠右浮动，宽度为651像素，右侧内边距是20像素，在浏览器中浏览，效果如图13.17所示，可以看到正文部分的内容都靠右对齐了。

图13.17 定义样式

接下来定义"公司介绍"部分的样式，其CSS代码如下，定义后的效果如图13.18所示。

```css
.innertube{
    margin: 40px;  /* 设置外边距 */
    margin-top: 0;
    margin-bottom: 10px;
    text-align: justify;  /* 设置两端对齐 */
    border-bottom: dotted 1px #782609;  /* 设置下边框的样式 */
}
```

图13.18 定义"公司介绍"部分样式

13.10 制作"图片展示"和"新闻动态"

"图片展示"和"新闻动态"部分主要展示一些图片和公司的新闻信息。

13.10.1 制作页面结构

制作这部分页面主要是插入3幅图片和一些新闻文字，这些主要放在templatemo_destination中，具体代码如下。

```html
<div id="templatemo_destination">
    <h2>图片展示</h2>
<p>
<img src="images/templatemo_photo1.jpg" alt="xxxxx.com" width="85" height="85" />
<img src="images/templatemo_photo2.jpg" alt="xxxxx.com" width="85" height="85" />
<img src="images/templatemo_photo3.jpg" alt="xxxx.com" width="85" height="85" />
</p>
<h2>新闻动态</h2>
    <p>饭店、旅馆生意红火<br />
        招贤纳士，诚邀您的加入<br />
        热烈庆祝市旅游饭店协会工作会议圆满成功<br />
        情人节和元宵节一起过，自助餐大优惠<br />
        浪漫情人节，相约酒店，好戏刚刚拉开帷幕<br />
        山水美，温泉美，人心更美<br />
    </p>
</div>
```

13.10.2 定义页面样式

下面定义这部分页面的样式，其CSS代码如下。

```
#templatemo_destination {
    float: left;  /* 设置浮动左对齐 */
    padding: 10px 10px 0px 40px; /* 设置内边距 */
    width: 280px;             /* 设置宽度 */
    border-right: dotted 1px #782609;    /* 设置右边框的样式 */
}
```

这里定义了templatemo_destination容器浮动左对齐，宽度为280像素，并且设置了右边框的样式，以区别右边部分的内容。效果如图13.19所示。

图13.19 定义样式后的效果

13.11 制作"酒店订购"部分

在"酒店订购"部分，用户可以填写自己的姓名、电话、入住日期、离开日期等，提交自己的订购信息。

13.11.1 制作"酒店订购"部分的页面结构

制作这部分网页主要是插入一个订购表单，订购表单内容都在templatemo_search内，其基本结构代码如下所示。

```
<div id="templatemo_search">
    <div class="search_top"></div>
    <div class="sarch_mid">
      <form id="form1" name="form1" method="post" action="">
        <table width="247">
          <tr>
            <td width="64"><input type="radio" name="search" value="radio" id="search_0" />
              <strong>男</strong></td>
            <td width="171"><label>
              <input type="radio" name="search" value="radio" id="search_1" />
```

```
            <strong>女</strong>
        </label></td>
    </tr>
    <tr>
        <td><strong>姓名</strong></td>
        <td><label>
            <input type="text" />
            </label></td>
    </tr>
    <tr>
        <td><strong>电话</strong></td>
        <td><label>
            <input type="text" />
            </label></td>
    </tr>
    <tr>
        <td><strong>入住日期</strong></td>
        <td><label>
            <input name="depart" type="text" id="depart" value="16-10-2020" size="6" />
            </label></td>
    </tr>
    <tr>
    <td><strong>离开日期</strong></td>
    <td><input name="return" type="text" id="return" value="24-10-2020" size="6" /></td>
    </tr>
    <tr>
        <td> </td>
        <td><a href="#"><img src="images/templatemo_search_button.jpg" width="78" height="28" border="0" /></a></td>
    </tr>
    </table>
    </form>
    </div>
    <div class="search_bot"></div>
    </div>
```

13.11.2 定义"酒店订购"部分的样式

下面定义表单元素的CSS样式，CSS代码如下，主要定义表单的外观样式，在浏览器中浏览，效果如图13.20所示。

```
#templatemo_search {
    float: right;  /* 设置浮动右对齐 */
    padding: 0px 30px 0px 0px;  /* 设置内边距 */
    width: 262px;    /* 设置宽度 */
    background: url(images/templatemo_form-bg.jpg) repeat-y; /* 设置背景图片 */
}
.search_top {
    background: url(images/templatemo_search.jpg) no-repeat; /* 设置背景图片 */
```

```
    width: 262px;    /* 设置宽度 */
    height: 76px;    /* 设置高度 */
}
.sarch_mid {
    margin: 0px;        /* 设置外边距 */
    padding-left: 10px;  /* 设置左侧内边距 */
    padding-top: 0px;    /* 设置顶部内边距 */
}
.search_bot {
    background: url(images/templatemo_search_bot.jpg) no-repeat; /* 设置背景图片 */
    height: 11px;  /* 设置高度 */
}
#templatemo_bot {
    float: left;    /* 设置浮动左对齐 */
    height: 22px;    /* 设置高度 */
    width: 877px;    /* 设置宽度 */
    background: url(images/templatemo_footer.jpg) no-repeat;    /* 设置背景图片 */
}
```

图13.20 定义样式

13.12 制作底部版权部分

底部版权部分内容比较简单，主要是网站的版权信息文字，放在templatemo_footer内，其结构如下。

```
<div id=" templatemo_footer ">Copyright 某某某度假村</div>
```

下面定义底部版权部分的CSS样式，其CSS代码如下，在浏览器中浏览，效果如图13.21所示。

```
#templatemo_footer{
    float: left;  /* 设置浮动左对齐 */
    width: 100%;    /* 设置宽度 */
    padding-top: 16px;    /* 设置顶部内边距 */
    height: 31px;        /* 设置高度 */
    color: #fff;            /* 设置文字颜色 */
    text-align: center;      /* 设置居中对齐 */
    background: url(images/templatemo_footer_bg.jpg) repeat-x; /* 设置背景图片 */
}
#templatemo_footer a {
    color: #fff;              /* 设置文字颜色 */
```

```
    font-weight: bold;          /* 设置文字加粗 */
}
```

Copyright 某某某度假村

图13.21 底部版权部分

13.13 网站的上传

网站制作好后，接下来是上传网站，也是最重要的一步。只有将网页上传到远程服务器上，才能被用户浏览。设计者可以利用Dreamweaver软件自带的上传功能，也可以利用专门的FTP软件上传网站。

LeapFTP是一款功能强大的FTP软件，拥有友好的用户界面，稳定的传输速度，连接更加方便，支持断点续传功能，可以下载或上传整个目录，也可直接删除整个目录等优点。

(01) 下载并安装最新LeapFTP软件，运行LeapFTP，执行"站点"|"站点管理器"命令，如图13.22所示。

(02) 弹出"站点管理器"对话框，在对话框中执行"站点"|"新建"|"站点"命令，如图13.23所示。

图13.22 执行"站点管理器"命令

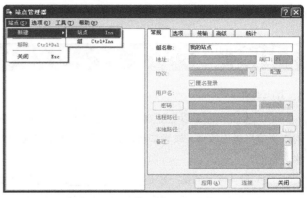

图13.23 执行"新建站点"命令

(03) 在弹出的窗口中输入站点名称，如图13.24所示。

(04) 单击"确定"按钮后，出现图13.25所示界面。在"地址"处输入站点地址，取消勾选"匿名"，在"用户名"处输入FTP用户名，在"密码"处输入FTP密码。

图13.24 输入站点名称

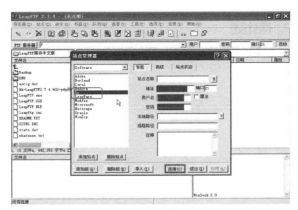

图13.25 输入站点地址密码

⑤ 单击"连接"按钮，直接进入连接状态，左框为本地目录，可以通过下拉菜单选择你要上传文件的目录，选择要上传的文件，并单击鼠标右键，在弹出菜单中选择"上传"命令，如图13.26所示。

⑥ 这时在队列栏里会显示正在上传及未上传的文件，当文件上传完成后，在右侧的远程目录栏里就可以看到你上传的文件了，如图13.27所示。

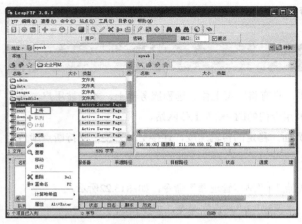

图13.26 选择"上传"命令

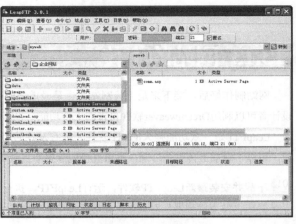

图13.27 文件上传成功

13.14 课后习题

1. 填空题

（1）企业网站是以企业宣传为主题构建而成，域名拓展名一般为.com。与一般门户型网站不同是，企业网站相对来说信息量比较少。该类型网站页面结构的设计主要是从＿＿＿＿＿＿＿、＿＿＿＿＿＿＿、＿＿＿＿＿＿＿等几个方面来进行的。

（2）设计网站的第一步是＿＿＿＿＿＿＿。一个网站要想留住更多的用户，网站的内容是很重要的。

（3）任何一个页面都应该在尽可能保证在不使用＿＿＿＿＿＿的情况下，依然具有良好的结构和可读性，这不仅仅方便用户浏览，而且有助于网站被百度等搜索引擎收录和索引。

（4）网站制作好后，接下来是上传网站。只有将网页上传到远程服务器上，才能被浏览。设计者可以利用＿＿＿＿＿＿＿软件自带的上传功能，也可以利用专门的＿＿＿＿＿＿软件上传网站。

2. 操作题

制作一个图13.28所示的企业网站主页。

图13.28 企业网站主页